编委会

U0323230

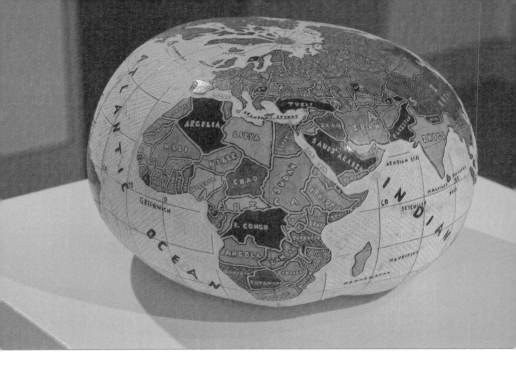

序

葫芦，谐音"福禄"，是中华民族最古老的吉祥物之一，也是人类最古老的原器。世界上很多国家和民族都有种植葫芦和使用葫芦的历史，至今仍广泛应用于不同的领域。葫芦不仅能食用，而且还能当作容器，正所谓"一瓢藏造化，天地一壶中"。

关于葫芦的起源，世界各国学者一直争论不休。在我国新石器时代的河姆渡遗址中就出土了葫芦种子，说明中国很早就开始了对葫芦的种植和应用。《本草纲目》里总结葫芦为："既可烹晒，又可为器。大者可为瓮盎，小者可为瓢樽，为舟可以浮水，为笙可以奏乐，肤瓤可以养豕，犀瓣可以浇烛，其利博矣。"除食用、入药，制作浮具、农具外，还能制作乐器、酒器。在宋代茶器的"十二先生"里，舀水的茶瓢被叫做"胡员外"。

葫芦工艺代代相传，经久不衰。葫芦制品主要分为葫芦艺术品和葫芦工艺品两大类。从制作工艺上，可以分为彩绘葫芦、漆艺葫芦、雕刻葫芦、针刻微雕葫芦、烙画葫芦、堆彩浮雕葫芦、系扣挽结葫芦、范制葫芦、勒压葫芦等。近些年来，中国葫芦艺人相继开发出了葫芦茶具、葫芦乐器、葫芦酒具、葫芦玩具等近百种葫芦实用器具。

中国古代有许多优秀的民族手艺领先于世界，由于中国近代战乱和自然灾害频繁、生产工具升级换代、手艺人老去等诸多原因，很多老手艺都失传了，这是一件令人非常遗憾和惋惜的事情。随着新一代年轻人的觉醒和坚守，笔者希望能够将葫芦文化继承和传播开来。

本书为2019年度山东省社会科学规划研究项目《新动能驱动下的山东省工艺美术产业高质量发展研究》（项目编号：19CPYJ79）、2019年度教育部人文社科研究项目《"一带一路"背景下中国手工艺跨文化发展和创新研究》（项目编号：19YJC760103）的阶段性研究成果。

天賜福祿（杜浩[1] 书）

---

[1] 杜浩：书法学博士，中国国家画院美术馆副馆长。

第四章　葫芦日常器用

第五章　葫芦工艺

附录　葫芦随笔

第一章

葫芦文化

第一节　葫芦的起源之争

　　葫芦是人类最早驯化的植物之一。葫芦目前在世界范围内广泛种植，其使用价值在很久以前就已经广为人知。葫芦的祖先在哪里？世界各国学者争论不休，至今仍是一个谜。据考古学家分析，中国、泰国、秘鲁、墨西哥、埃及等国家都有新石器时代的葫芦出土。有的学者认为葫芦在亚洲出现的时间要早于非洲，哈佛大学学者史蒂夫·布拉德在《古人类把葫芦从亚洲带到了美洲》一文中认为："在一项最新的研究中，通过把现代葫芦与在西半球考古地点所发现的葫芦文物进行遗传学对比，发现被史前人类广泛用作容器的厚壳葫芦，是在大约1万年前被从亚洲来的人类带到了美洲……"哈佛大学艺术和科学系科学考古学教授兰德勒·T.克莱指出："出乎我们意料的是，我们发现每一个美洲葫芦样本都和亚洲的现代葫芦基因匹配良好。这预示着在陶器出现之前，美洲人用了上千年的葫芦来源于亚洲。"由此可见，葫芦在人类的生产劳动、民俗生活中具有强大的生命力，并在人类文明延续中发挥了重要的作用。

　　有专家说葫芦的起源地是非洲。非洲土著居民对葫芦非常敬仰，形象拙朴的葫芦出现在公元前3500年的古埃及陵墓中。埃及国家博物馆还珍藏着13世纪的一艘葫芦船。

　　有专家说葫芦的起源地是印度。印度的风俗中遗存着不少葫芦崇拜，印度最有名的葫芦乐器是西塔琴，我们也常在影片中看到印度人吹奏葫芦乐器令蛇舞动的镜头。

　　有学者推测，葫芦是以其漂浮性能，靠海流的漂动从一块大陆转移到另一块大陆去的。《简明不列颠百科全书》中写道："葫芦，原产于旧大陆热带。"旧大陆，亦称东大陆，即东半球陆地，主要包括亚洲、欧洲、非洲、大洋洲等四个大洲。可以说，葫芦是人类最早驯化的植物之一，是一种世界性植物。尽管葫芦的遗存在世界各

　　这是一个在非洲大陆发现的葫芦原器，葫芦半开口，里面有微缩木刻的原始土著居民木偶，寓意着葫芦是人类的避风港。在灾难到来时，人类躲在葫芦里避难逃生。另外有一种说法，灾难过后，人类从葫芦里面走出来，繁衍后代，建造家园。这和我国的葫芦传说非常类似，表明葫芦是人类共同的始祖原器之一

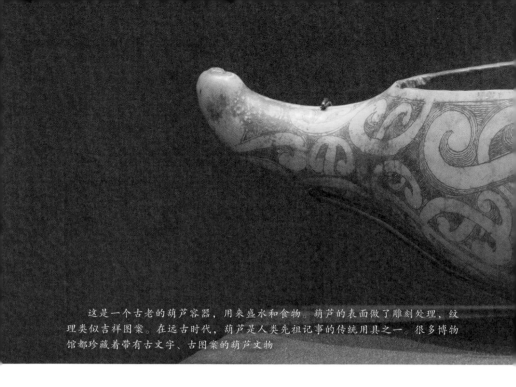

这是一个古老的葫芦容器，用来盛水和食物。葫芦的表面做了雕刻处理，纹理类似吉祥图案。在远古时代，葫芦是人类先祖记事的传统用具之一。很多博物馆都珍藏着带有古文字、古图案的葫芦文物

大洲上都有出土，但相关文献记载以我国最多，相关的传说、故事以我国最早，有关这种作物的品种资源和栽培经验以我国最丰富。

我国考古工作者在浙江余姚河姆渡村发掘出距今七千年前的原始母系氏族社会遗址，在出土的植物遗存中，除大量的稻谷、橡子、菱角外，还有葫芦皮和葫芦籽。桐乡罗家角遗址也出土了葫芦。在距今六七千年的西安半坡原始母系氏族公社的遗存物中，出现了完全仿照自然界的葫芦所制作的葫芦盛器，说明渭水流域盛产葫芦，也说明葫芦与当时人们的生活密切相关。至于商周及其以后的墓葬中出土的葫芦或葫芦瓢就更多了，江西、湖北、四川、广西、江苏等地都有。

葫芦与石器、陶器不同，它容易腐朽销形，化为乌有。或许有葫芦实物存在而未被发掘者，留待我们及后代去探索。笔者认为关

于葫芦的起源地之争已经不再那么重要，当务之急是融合世界各民族的葫芦文化，把葫芦技艺发扬光大。

各式各样的外国葫芦，主要是葫芦实用器、玩偶等

各式各样的中国现代葫芦工艺品，主要是葫芦储物罐、葫芦手串、葫芦茶器等，广泛应用在不同的生活场景中

第二节　葫芦的吉祥象征

　　　　　　葫芦虽小藏天地，伴我云云万里身。

　　　　　　收起鬼神窥不见，用时能与物为春。

　　众所周知，葫芦是我国人民最为喜欢的吉祥物之一。不仅中国人喜爱，在欧洲、非洲、大洋洲，葫芦都是当地居民最喜爱的吉祥物之一。葫芦的蔓与"万"谐音，每个成熟的葫芦种子众多，人们就联想到子孙万代、繁茂吉祥。葫芦谐音"护禄""福禄"，人们认为它可以祈求幸福、招财纳福。讲究的大户人家则用红绳串绑五个

韩国农民在家里挂葫芦祈福

葫芦，称为"五福临门"。在屋梁下悬挂葫芦，称之为"顶梁"，寓意满堂福禄、平安顺利。在韩国农村，笔者曾看到他们把大瓢葫芦一分两半，挂在门楣上。在台湾乡间，流传着"厝内一粒瓠，家风才会富"的谚语，在家里摆放一个葫芦，会发财、富有。

　　葫芦的实用性强，人们在生产生活中使用葫芦，在军事战争中利用葫芦。中华民族对葫芦的崇拜具有悠久的历史。在彝族传统文化里，葫芦象征着夫妇灵魂的合体，人从象征母体的葫芦中冲出来，死后又回到象征母体和宇宙的壶天仙境中去。时至今日，云南楚雄彝族自治州南华县哀牢山摩哈苴彝村和永仁县猛虎乡彝族村落还有少数彝族人保持着把葫芦当作祖先的传统。

　　在韩国瑞安民俗村，葫芦通常被一分两半，挂在门楣上，蕴含镇宅辟邪的祈祷用意，同时作为生活实用器，方便取拿。笔者走访了韩国首尔、大田、忠清南道等地的传统民俗村，发现还有人围着院墙挂葫芦瓢，房顶悬挂葫芦的现象也很多。在日本、葡萄牙，同样发现了类似的悬挂葫芦祈福的场景

葫芦种植方便，成活率高，易生易长，果实多，因此被人们赋予了吉祥、福禄的寓意。葫芦有着子孙繁衍、驱邪祛灾、医药益寿、宇宙"壶天"的象征意义，故而成为民间祈福的吉祥物之一。葫芦的吉祥、福禄象征意义主要体现在以下几个方面。

1. 葫芦象征子孙繁衍和家族兴旺

将成熟的葫芦锯开后，通常会发现很多种子，多则成百上千，少则几十。先民认为葫芦象征母体，把母体与葫芦等同起来，是因为葫芦不仅浑圆，形似孕育胎儿的母体，且籽多，象征了人类的繁衍。

我国滇南的彝族人认为，葫芦象征着孕育胎儿的母腹，并把孕妇隆起的圆腹称为"圆葫芦"。当地婚俗是在彝族人成亲之日，在新郎接到新娘、即将登堂进门之前，由一妇人手持盛满灶灰的葫芦掷破于这对新人面前。这预示着这对新人成亲之后，必将生儿育女、繁衍子孙。类似的生活场景至今仍广泛存在于非洲大陆上。

2. 葫芦象征平安、驱邪、祛灾

我们听到的神话故事通常以消灾平难、避死趋生为主题，葫芦作为神话要素，意指安全的浮岛、繁衍的母体。葫芦既象征着孕育人类生命的母体，同时也象征着保护人类生命的母神。笔者从葡萄牙、西班牙收藏了很多葫芦艺术品，其中有很多外国葫芦艺人制作的以"葫芦是洪水灾难救世主"为主题的作品。在宗教故事里，我们也能看到葫芦拯救人类的题材。

云南的苦聪人除把葫芦看成祖先崇敬以外，还在小孩的衣领里缝上葫芦籽，把葫芦籽当作孩童的护身之宝。山东等地至今保留着剪贴"吉祥葫芦"的习俗。在山东蓬莱，每到端午节，当地居民会在一扇门上贴艾虎，在另一扇门上贴葫芦。葫芦剪纸的上部饰虎头，下部剪一个蝎子，当地叫做"收毒葫芦""消灾葫芦"。为达到驱邪护身的目的，山东微山湖的船上人家担心娃娃落水，就用一条红布扎在孩子的腰间，红布的两头，一头系葫芦，起漂浮作用，另一头系小虎头，祈求吉祥葫芦和虎神保佑。

笔者参加葡萄牙世界手工博览会时买到的非洲葫芦工艺品。这个葫芦的寓意非常明显，突出了非洲人民对葫芦的膜拜，他们把生活场景微缩到葫芦里，以表达对葫芦的崇拜之情

非洲尼日利亚居民采用葫芦作为漂浮工具来抓鱼，并把葫芦作为鱼篓使用，可谓一举多得

3. 葫芦象征医药益寿

东汉时期，道教兴起，葫芦与道士、郎中紧密难分，于是"悬壶"既是道教的标志，同时也成为行医的标志。关于"悬壶济世"，《后汉书》中记载道："费长房，汝南人也。曾为市掾。市中有老翁卖药，悬一壶于肆头，及市罢，辄跳入壶中。市人莫之见，唯长房于楼上睹之……"笔者参加在韩国金山郡举办的世界人参节活动时，看到了参农祭祀的场景，老把头的铁锨上挂着瓢，身上背着小葫芦，瓢是用来舀水浇人参地的。在道教中，葫芦已成为道士的宝物而悬挂于居室或随身携带，道士炼出的丹药必盛入充满仙气的葫芦之中。

俗话说，"不知葫芦里装着什么药"。在老百姓眼里，葫芦里装的是治病救人的良药；而在帝王眼中，葫芦里则装的是仙丹妙药。

在传统寿星图中，多见寿星所挂龙头杖上系有葫芦，以示对寿星延年益寿的美好祝福。在传统字画图像资料中，也经常看到古代医者腰间系着药葫芦。

灌药器（张雷仿），原件在首都博物馆。南太平洋地区也有类似的药葫芦工具，用于灌药、喂食

尼日利亚巫师用来装药物的小葫芦容器

4. 葫芦象征宇宙"壶天"

周代制陶匏（陶葫芦），以"象天地之性"。春秋战国时，楚国筑形如葫芦的观象台，称"匏居之台"，以观国运，大约认为葫芦与天宫是有密切联系的。在道教典籍里，形圆而虚中的葫芦被视作一个小宇宙——"壶天"，这在《云笈七签》中有记载，"施存，鲁人……学大丹之道……常悬一壶，如五升器大，变化为天地，中有日月如世间；夜宿其内，自号壶天，人谓曰壶公……"因此，道教把仙人所居的仙境称为"壶天"。时至今日，云南省楚雄彝州南华县哀牢山摩哈苴彝村和永仁县猛虎乡彝村还有少数彝族人将葫芦视为祖先。彝族人家中供奉的祖先葫芦，一般选用成熟后晒干的硬壳葫芦，葫芦象征夫妇的合体。为了让祖先衣食暖饱，他们在葫芦的下腹凿通一个中粗的小孔，从洞孔放入碎银、米粒、盐、茶，供祖先享用，以祈求祖先保佑子孙、赐福后代。

笔者在葡萄牙世界手工艺博览会上从葡萄牙籍葫芦艺术家手中买来的葫芦。葡萄牙人认为人类先祖是从葫芦里走出来的

中国古代有祭天之礼。《礼记》中记载道："器用陶匏，以象天地之性也。"陶为土质，象征大地。匏，《说文解字》解释为"从包，从夸声。包，取其可包藏物也"。古人认为"匏"与"包"同音，取其可包藏东西之意，象征上天容纳万物、博大精深。因此，用陶、匏祭祀天地，寄托着祖先希冀上天赐福于他们的美好愿望。在南太平洋马克萨斯群岛，据说人们会在墓地附近的树枝上悬挂葫芦和盛满饭的碗，用来祭祀先人。

葫芦崇拜的实质和根源是母体崇拜。母体崇拜曾在人类文化史上产生过巨大的影响，其实，母亲对人类群体的贡献远远不止生儿育女，诸如对老幼的照顾，火种的保存，衣、食、住、行等生产、生活文明从无到有，女性都有较多的贡献。这一切就使得人类对母亲由尊敬而发展到崇拜。诚如山东大学赵申教授的研究所揭示的：葫芦因长势好、果实累累、圆润饱满，令人联想到家国兴旺、繁衍、美满；葫芦做器皿既能容纳、包藏，象征天生高品质以及被重视、重用，又寓意顺利、富裕、如意；葫芦由渡水、共济，代表保佑平安、济世救人；以可入药及可用于装药等用途，进而象征医药、健康和长寿。仅此，已足够"五福"，不论是《尚书·洪范》所列"一曰寿，二曰富，三曰康宁，四曰攸好德，五曰考终命"，抑或通常所指福、禄、寿、喜、财，皆已包罗在壶中，应有尽有。虽然葫芦圆形虚空，却孕育着厚重文化。

一瓢藏造化，天地一壶中。小葫芦可以拓展大市场，生态葫芦的经济实用与葫芦文化的神奇奥妙，将会吸引越来越多的人去关注，但愿葫芦的吉祥、福禄寓意伴随着文化产业的开发影响人间。

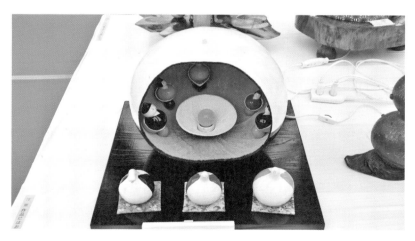

笔者在日本葫芦节上拍到的一张葫芦作品图，日本人认为葫芦是人类天然的避难所，因此创作了这个葫芦灯

第三节　葫芦的神话传说

　　自然界中的葫芦，是植物王国中的一种普通植物。神话中的葫芦，则是一种有特异功能的灵物。无数的葫芦神话世代流传，经久不衰，比如《搜神记》《太平广记》《封神演义》《西游记》等神话小说中有关葫芦的精彩篇章，其中济公、铁拐李等艺术形象，仍在广泛地影响着人们的世俗生活及意识形态领域的诸多方面，影响着一代又一代人的观念和行为。

　　人类起源于葫芦或葫芦使人类再生的故事，在神话中占了相当大的比重，盛传于我国西南少数民族地区，影响白、彝、苗、瑶、畲、黎、侗、水、壮、佤、布依、仡佬等二三十个民族。在国外的洪水神话故事里，也有和中国神话类似的故事情节，都是先民躲进葫芦里避险求生，或者是乘坐葫芦舟逃难。

　　葫芦是灵魂的归宿之地。彝族有人死后遗体火化的传统，"以得火葬为幸"，他们认为尸体火化后，灵魂可以升天。骨灰则分为两部分，用不同的方式安置。大部分骨灰装入土陶罐，埋进圆形墓坑里；少部分骨灰则直接装进葫芦里，称作"祖灵葫芦"。必须请巫师念《指路经》，引灵魂进入葫芦，然后供置在家堂的桌子上。在葫芦下腹部凿一个中指般粗细的小孔，从孔洞放入碎银、米粒、盐、茶，供祖灵享用。另外还有还魂葫芦、引魂葫芦、葫芦灵幡等许许多多的神话故事。

笔者曾翻译和研究南太平洋地区的葫芦文化多年，发现亚、非、拉美等地方的先民对葫芦的认同感都非常强。比如，波利尼西亚人、夏威夷人受葫芦的影响比较深，他们听着一则世代流传的神话长大——天地万物就是个硕大无比的葫芦，天空是葫芦的上半部分，大地是葫芦的下半部分，而天地之间的各个星球则是葫芦的果肉和种子。他们喝水用水葫芦，吃饭时用葫芦碗、葫芦勺子，跳舞时要敲着葫芦鼓，谈情说爱要吹葫芦埙，青黄不接时还要吃葫芦，去世之后，他们的尸骨则会清洗干净，保存在葫芦里。

非洲葫芦。葫芦塞子用木头雕刻而成

笔者拍摄于葡萄牙世界手工艺博览会现场的葫芦。该葫芦手艺人介绍这是一种葫芦文化图腾，供奉人类先祖

崔李娜收藏的老葫芦。它原本是个鹤首葫芦，老艺人把葫芦锯开，一分为二，倒立粘贴，把一个古人木偶放在葫芦里，寓意葫芦是人类的避难所，也意味着人类从葫芦里走出来

　　在很多神话故事中，葫芦大多以正义的形象出现。它抑强扶弱，惩恶扬善，体现了中华民族的传统美德。《宝葫芦的故事》说的是有兄弟二人，老大懒惰，强占家产；老二勤快，生活辛苦。老二家飞来一对燕子，在茅草屋梁上衔泥垒窝。老二百般爱护，打心眼儿里喜爱这俊俏的小生灵。这对燕子生下了儿女，小家伙儿不老实，整天乱蹦乱跳，有一天竟然把它们的家弄到了地上。老二心疼得不行，连忙小心翼翼地把燕窝放回梁上，采取了加固措施，再把黄嘴角的小燕子一只一只捧回巢中去。秋天来了，燕子一家要到南方过冬。临走的时候，燕子妈妈衔来一粒葫芦籽，送给老二。第二年春天，老二将葫芦籽种下，细心管理，到秋天结出许多大葫芦。老二想做瓢用，锯开一只一看，里面竟装满了金子，再锯开别的，

只只都有金子。因此，老二成了方圆百里的首富。老大见老二暴富，眼红得不得了。他如法炮制，燕巢不落则捅落，对葫芦只种不管。果熟开瓢时，跳出一只斑斓猛虎，把他吃掉了。在韩国也有类似的兄弟俩锯葫芦分家的故事。

笔者在世界手工艺博览会上收藏的一位葡萄牙籍艺术家的葫芦艺术品，内有耶稣避难的玩偶。这件作品体现了葫芦和宗教的联系

非洲葫芦艺术品，既实用，又是民族文化图腾

我国彝族人的葫芦崇拜和老虎崇拜

日本瓢箪工艺品

第四节　葫芦是人类文化的最大公约数

　　葫芦文化不仅仅是中华民俗文化的重要组成部分，也是世界范围内的人文瓜果，更是人类宝贵的文化遗产。中国许多民族都有起源于葫芦的神话传说，葫芦被当作祖先来看待和祭祀。同样，在欧洲、非洲、美洲、大洋洲也有类似的神话传说。很多国家和地区的人们都信奉葫芦是祖先的化身和轮回，并在诸多宗教内出现和使用葫芦。台湾的贾福相先生在《风狮爷的葫芦》一文中描述了金门的63个自然村里，有48个自然村建有风狮爷——人身狮手的石雕像。狮前爪各持有一葫芦形物，生殖器部位是葫芦形的。按照习俗，风狮爷是用来镇风避邪的。非洲很多国家的孕妇在分娩时，身上都要带着一个葫芦，祈求吉祥。

　　从历史文献来看，我国古代民间有以葫芦象征多子多福的信仰。葫芦，谐音"福禄"，象征着福禄长寿。道家法器和道具总离不开葫芦，悬壶济世是葫芦，寿星携带的是葫芦，铁拐李带的是葫芦，太上老君装药的也是葫芦。《庄子·逍遥游》中有一段论述，"惠子谓庄子曰：'魏王贻我大瓠之种，我树之成而实五石，以盛水浆，其坚不自举也'"。欲在"壶天"里寻觅一种理想的或者说是虚无的境界，作为自己的精神寄托。

我国文献资料中的葫芦与神话传说

民间葫芦工艺品

西班牙圣地亚哥朝圣之路的标志物：贝壳、拐杖、葫芦

笔者曾在日本看到两幅壁画，一幅是释迦牟尼佛圆寂时，动物和信众跪拜的图；另一幅则是把释迦牟尼佛换成了酒葫芦。在过去日本佛教里，佛教徒认为葫芦是释迦牟尼佛的化身和轮回。

笔者在民间收集的葫芦工艺品里经常看到葫芦里放着菩萨、如来佛等坐像，证实了民间佛教对葫芦的信奉。

在秘鲁墓穴中，人们发现了葫芦果实的碎片。

在《圣经》里，笔者也查到了多处描写葫芦的场景。圣地亚哥有着世界上最美的朝圣徒步路线，所有朝圣者都配有拐杖与葫芦、贝壳。葫芦在过去主要用于装水、装酒、装牛奶，现在则是平安、祈福的象征。

当时的朝圣者的形象跟现在背着巨大的登山包的人们完全不同，他们披着棕色的披风，戴着缝有贝壳的帽子，手里拿着木杖，杖上挂着葫芦，身上背着羊皮挎包，他们的食物全靠当地人的施舍，晚上也只能在教堂或者当地百姓家借宿。拐杖、扇贝和葫芦，最后都成了朝圣之路的标志物。

《古兰经》里的约拿和鲸鱼

在《古兰经》中，也有关于葫芦的描写。《古兰经》中的约拿和鲸鱼的故事在伊斯兰世界中广为流传，并经常在世界历史手稿中被提及，但是，这幅关于约拿和鲸鱼的大型画从未作为手稿的一部分，它可能仅在口头朗诵或讲故事时使用。在这幅画中，我们看到了约拿从鱼腹中出来后的状态。在约拿的旁边生长着一根葫芦藤，由上帝送出，以保护他免受鲸鱼的侵扰。

在信奉伊斯兰教的国家，葫芦通常被做成葫芦乐器、鼻烟壶、葫芦灯等。德国人类学家莱奥·费罗宾斯认为"圆是包含着世界始祖的葫芦"。葫芦是大小二元的组合体，也代表着原始的混沌。

在中外许多民族的创世神话传说中，葫芦就是人类的原祖。诸多神话共同讲述一个传说命题：葫芦之所以是人类的始祖，是因为它呈圆体，且内藏很多种子，是子孙繁衍最典型的象征。葫芦作为原始宗教的崇拜对象，是先民生育崇拜和丰产崇拜观念的反映。

土库曼斯坦国家博物馆珍藏的镶嵌鼻烟壶

外国的葫芦与神话传说。笔者拍摄于西班牙普拉多博物馆

第二章

葫芦植物

第一节 葫芦的植物学分类

在植物自然界自由杂交和现代社会人工干预下，葫芦出现了各种各样的变异。按照现代植物学的分类方法，我们今天常见的葫芦品种可以简单划分为以下几类，杂交变异的葫芦不再赘述。

一、瓠子

瓠子，又称扁蒲，因其花夕开晨闭，所以又俗称"夜开花"。除了这些名字，有的地方还称其为"棒子葫芦"，形状为不规则的圆筒形，长短粗细均不一，看上去像条大丝瓜。果实未成熟之时，外皮呈白绿色，柔嫩多汁，可以食用，我们在菜市场经常可以见到这种蔬菜。成熟后，皮色偏白，质地不太坚硬，南方多以食用为主，北方多用来做范制葫芦器物。

瓠子葫芦。嫩食，老皮后可以做工艺品（葫芦工坊韩国青阳郡基地供图）

二、瓢葫芦

果实呈梨形的大葫芦，又叫瓢葫芦或瓠瓜。这种葫芦的个头很大，尤其是下部，多为肥大的椭圆形，一般直径可达25～30厘米。果实成熟后，果壳对半剖开，掏去果瓤即为瓢。韩国、日本的瓢葫芦直径可达40～50厘米，南美和非洲的此类葫芦直径可达50厘米以上，常用来做生活用具，如瓢、舀等。

瓢葫芦嫩的时候可以吃，也可以制成葫芦干。日本叫这种葫芦为干瓢或瓢箪。据日本媒体报道，98%的日本人都吃过葫芦干，栃木县是日本瓢葫芦最大的产区之一，中国的瓢葫芦主要种植在山东、黑龙江、内蒙古、新疆、河北等地，南亚的老挝、越南、泰国也种植瓢葫芦。

瓢葫芦（云南省楚雄自治州牟定县葫芦工坊基地陆小吨供图）

三、扁圆葫芦

这种葫芦较为少见，它的体形较小，跟苹果差不多大，扁圆形，故称为扁圆葫芦。扁圆葫芦的直径大都为7～9厘米，一般不超过10厘米，因其形状像个大柿子，所以京津一带称其为"柿子葫芦"，而山东、苏北一带则把它叫作"油葫芦"。扁圆葫芦既可当玩具，又能盛物，还可以用来装蝈蝈。待扁圆葫芦成熟后，摘下来，围绕瓜蒂开一个圆孔，切下的带蒂的部分作为盖子使用，并在扁葫芦上钻些通气小孔，然后把蝈蝈放进去，盖上盖子，再把扁圆葫芦放到被窝里，这样蝈蝈就可以过冬了，很是好玩。目前日本葫芦研究专家把这种扁圆葫芦培育成了一种甜葫芦，可以当成水果食用，并在我国台湾地区、印度、巴基斯坦、孟加拉国、泰国等地推广种植。

扁圆葫芦（葫芦工坊山西基地供图）

四、长柄葫芦

长柄葫芦下部浑圆，大小如扁圆葫芦，上面有一个细长的柄，一般有一尺多长。这种葫芦嫩时亦可使用，老熟后在古代主要用来做葫芦笙（一种乐器），现在则锯开做勺或瓢，还可以做漏斗、鸟窝、水烟枪等。

秘鲁葫芦鸟窝

长柄葫芦，也叫油锤葫芦，杆长，肚子大（葫芦工坊莱芜基地陈明新供图）

五、亚腰葫芦

亚腰葫芦的形状非常可爱，果实中间细，像大小两个球连在一起，表面光滑，其形状酷似阿拉伯数字"8"，果壳可供药用、做盛器及观赏。从"酒葫芦""醋葫芦""宝葫芦""葫芦里卖的什么药"这些词汇、俗语当中可以看出，以前它主要是作为盛器来使用的。

现在，人们主要把亚腰葫芦制作成各种工艺品或玩具，工艺美术师、葫芦艺人们在葫芦上雕刻或绘出各种图案，再配以不同的色彩，即可成为一个个精美的工艺品或玩具。随着时代的不同，亚腰葫芦的用途也在发生着变化。

需要特别注意的是，不同的葫芦品种在种植过程中会发生串花变异，杂交葫芦味苦且含有剧毒，切不可食用，但是，因为形状新奇，用杂交葫芦来制作工艺品更加有优势。

亚腰葫芦（葫芦工坊甘肃白银基地杨志啸供图）

第二节 葫芦种植要点及注意事项

作为世界性栽培作物，葫芦历经不同的定向选择，具有丰富多彩的植物形态和遗传多样性。作为人类文明传承的承载媒介，葫芦广泛地分布在世界各地。在长期的葫芦驯化过程中，人们通过反复试验和探索，形成了许多行之有效的种植和加工方法。

在这里，笔者将为大家介绍一些普通葫芦的种植要点以及需要注意的事项，供有心的朋友参考。

一、种植时间

"清明前后，种瓜种豆。三月三，种葫芦。"

葫芦一般在3月下旬至4月上旬之间播种，可露地搭棚栽培，行距75～100厘米，株距80厘米左右。正常情况下，6月下旬至9月下旬即可进行采收。葫芦成熟后刮皮，制成葫芦条、葫芦脆片、葫芦酱菜等。

其他品种的葫芦在成熟后也需要根据加工意向，进行刮皮、晒干处理，这样方便葫芦木质化和储存。刮皮、晒干是技术活，可以借助现代化打皮工具打皮，然后用肥皂水清洗葫芦表面，防止裂开。

二、育苗与播种

可用育苗盆或在温室地面进行育苗。育苗播种时，选择籽粒饱满的种子，用70℃的热水烫种并迅速搅动，水温降至30℃时，浸种12小时，然后在28～30℃时进行催芽，也可以利用电热毯辅助。一般来说，3～4天左右，种子就能够发芽了。

播种的时候，要选晴朗无风天。苗床先浇底水，然后将种子平放，盖上1厘米厚的土，接着浇水，一直到发芽为止。在此期间，要用报纸盖在育苗盆上面，可以有效减少水分的蒸发。

需要注意的一点是，育苗盆应该放在淋不到雨的半阴处，同时，还要注意保持土壤表面的湿度。这样，一般情况下，十余天后就能够出苗了。现在，山东聊城、青州、天津武清、河北青县等地已经有专业的公司进行育种卖苗，种类繁多，种植户可以直接购买葫芦苗进行种植。

三、移植管理

苗龄30～40天，在幼苗长出4片真叶的时候，就可以将其移栽到露地中定植了。这时候，要选择肥沃、向阳、排水良好的地方，施足基肥（为了土壤更好地吸收营养，施肥应在葫芦种植10日前进行），并适当进行深翻。

葫芦苗间的距离应保持在50厘米左右，一定要浇足水，以利于"返秧"。葫芦苗成活后，要及时施肥，同时应及时搭建棚架，以利攀爬。

葫芦嫩果表皮有绒毛，遇到触摸会影响生长，从这个阶段开始，葫芦地里已经需要有专业的维护人员长期定点管理。

四、田间管理

当幼苗长出5~7片叶子的时候，要进行追肥，覆沟后浇水。一般来说，葫芦开花时不要浇水，这样能够促其顺利坐果，坐果后再及时追肥并浇水，此后在结果生长期可适当浇水。水分不足时，葫芦生长不良；土壤湿度过大，生长也不好。暴雨后要及时排水，防止积水。

在葫芦的整个生长期，应在幼苗、坐果前和坐果后至少耕除草3遍，要求耕深、耕细、耕透以促进发根旺长。在植株甩蔓前，应及时插上井字或人字架，并引蔓上架，主蔓长到2米左右时进行摘心，促使侧蔓抽芽生长。专业种植户都是提前用水泥柱、钢管、旧渔网提前做好葫芦廊架。侧蔓见果后留两片叶摘心，主株上架要及时绑蔓。绑蔓时，可将无效侧枝及枯老叶剪掉，以改善植株内部的通风透光条件。枝蔓伸展到棚顶时，掐尖掐蔓成为每天的重要工作，稍不注意就会前功尽弃。阴雨天不要掐尖掐蔓，容易造成葫芦染病损伤。这一阶段也是病虫害的多发期，预防比治疗显得更为重要，因此要参照有关病虫害防治方法及时防治。

最后，在葫芦生长的中后期，授粉、摘果、清理枯叶等是主要工作。大葫芦垂下来时要注意固定支撑，以防着地受损。瓢葫芦通常要用稻草垫起底部，以防止受潮发霉。

五、采收处理

（一）葫芦成熟的标志

1. 葫芦表皮的颜色由绿变白；

2. 绒毛脱落；

3. 葫芦壳的木质变硬；

4. 葫芦秧已经变得枯黄。

（二）晾干、去皮

采摘葫芦之前，可以先把秧子拔掉，让葫芦在秧子上倒挂几日，防止葫芦倒抽。

去皮之前，一般应将葫芦放在水中，浸泡30分钟左右，再用薄竹片去掉葫芦的表皮。葫芦用水浸泡的目的，主要是为了去皮更容易。大规模种植时，一定要采用专业的打皮机器。打皮之后，最好用肥皂水清洗下葫芦，这样方便葫芦除菌、保持光滑。

（三）葫芦的晾晒

去皮以后的葫芦放在阳光下晒2周左右即可干透，将葫芦拿在手中，用手拍打几下后再用力摇晃，当听到葫芦里的种子发出“沙沙”的响声时，说明这葫芦已干透了，干透了的葫芦不会轻易腐烂。这样的葫芦种子在存放多年后，仍然可以种植，如果用水煮过或加了防腐剂，那么种子就不能用了。

第三节　特大葫芦种植经验总结

　　因为大葫芦对于整个葫芦行业有着至关重要的作用，需求量最大，种植难度高，本篇节特别归纳总结了大葫芦种植的经验，分享给大家。

　　整地：

　　深耕地，晾晒土壤，等待次年种植。

　　准备鸡粪。每亩3立方，腐熟鸡粪，准备春天做底肥使用。

　　准备生石灰。每亩1.5公斤，主要起杀毒作用，用于次年春天和鸡粪混合使用。

　　准备复合肥。每亩50公斤，氮磷钾复合肥与鸡粪混合均匀使用。

　　用试纸检测土壤酸碱度。葫芦喜欢碱性土壤，要确保土壤为碱性。

　　用铁锹将土壤挖成30厘米宽的地沟，将混合好的鸡粪、生石灰、复合肥搅拌均匀，施入地沟，覆土10厘米。起垄60厘米宽、20厘米高。

　　起垄后，覆黑色膜，覆膜规格为1米宽，等待移植葫芦苗。植苗处加盖50厘米宽的透明膜。

为了土壤更好地吸收营养，施肥要在葫芦种植前10日进行。移苗后的暖棚和地膜管理非常有必要，注意高温换气和晚霜的侵袭。

催芽育苗：

搭建育苗棚，准备钢管和干净塑料布，根据种植密度算出种植棵数，一般一平方可以育苗50株。

催芽，将葫芦种子用高锰酸钾溶液泡12个小时，将种子用沾湿的棉布包裹好，装入塑料自封袋中，放置在温度为30℃左右的地方。少量的话需要用电热毯，将温度调整为30℃左右。千万不要急于求成，将温度调至高温，这样长时间容易烧死种子。一般48小时后，种子就会发芽，也可以将种子轻轻磕开，这样比较容易在短时间内发芽。

种子发芽露出5~10毫米，即可定植于育苗杯中，准备9×9mm育苗杯。为了防止苗床底部水分蒸发，在育苗杯下面铺一块厚泡沫板，然后在泡沫板上铺一层塑料。向育苗杯中灌育苗基质到7分满，用水浇透，用指头轻轻按压出一个1厘米的小坑，将种子小头朝下（出芽的芽朝下），轻轻种进去，上面盖上1厘米厚的干土。为了防止日光强烈照射，要在育苗杯上加盖一层报纸，以保持湿度。这样就可以等待小苗长出了。一般3天后，葫芦苗就拱土而出了。

出苗后，早晚注意观察葫芦苗，要给葫芦苗浇足够的水，夜晚要保持潮湿不干。

有条件的，最好准备热风扇和太阳能热水器，或者用熟料桶、小拱棚倒扣在葫芦苗上。

使用海藻酸、氨基酸多微叶面肥补充能量，不让葫芦苗的长势弱下来。

移苗：

移苗前，先给土壤喷杀虫剂，预防蚜虫。

种植行距1.5米、株距1米。

注意不要深种，苗床的表土与土壤的表土一样高，四周撒上细土。

让苗根与土壤充分接触，周围要按实，注意不要按苗的根部。

栽完苗以后，一株苗要浇1升30℃左右的温水，而且为了提高地温，应在苗的周围铺盖透明的塑料薄膜。

如果移植过早，为了保温，有必要扣上塑料隧道或保温棚。

葫芦定棵后，在湿润的大田里又加盖地膜的情况下，就不用再浇水了。可是如果葫芦苗已出现枯萎的情况，就要浇30℃的温水。注意千万不要浇冷水，否则将不利于葫芦生长。

搭架：

想种好葫芦，首先要确保葫芦架不倒塌，否则前功尽弃。

准备钢管做葫芦架，立杆3米、横杆3米、间距6米。

上部拉钢丝绳，间距50厘米。

两地头需要挖1米深的土坑，预埋石柱做地锚，用来固定钢丝。

及时除草：

这时正是葫芦伸蔓的时候，杂草也开始猛长，和葫芦抢夺营养，所以一定要注意杂草的生长情况，面积不大的话可以人工除草，面积大的话需要使用除草剂。

引蔓、绑蔓：

葫芦苗长出蔓之后，要开始搭设棚架，并将蔓引到棚架上来，一般是将蔓垂直引到架棚上。

如果棚架的面积过小，仅靠棚架上面的面积无法满足葫芦叶生长的话，就要让葫芦秧在地上爬行1~2米左右之后，再引到棚架上来。在这种情况下，棚架的支柱要距离葫芦苗1~2米为宜。

葫芦蔓顺着支柱向上引时，葫芦秧难以垂直向上，稍不注意，就容易弯下来，所以每天都要及时给葫芦架秧。

如果架秧的绳不及时解开，随着葫芦的生长，蔓长粗以后，不利于养分通过，所以，在葫芦秧爬上棚架之后，应及时将绳拆掉或者松开。

打尖：

如果放任葫芦主蔓（母蔓）、枝蔓（子蔓）、水蔓（孙蔓）任意生长，就无法控制，这样容易发生病虫害，葫芦长得不饱满。根据葫芦的种类和特性，想收获更多的葫芦，应对其蔓进行合理的绑缚和掐蔓。

在一般情况下，等葫芦秧爬上棚顶时应掐掉主尖，使其两枝主要枝蔓（子蔓）顺利生长，其他枝蔓要尽早掐掉。两枝枝蔓的间隔应为50~60厘米，待其长到棚的另一边缘时，掐尖，接着从枝蔓的各节会长出水蔓。水蔓是结葫芦果实的蔓，水蔓只保留一片叶子便掐尖。

如果放任葫芦蔓生长，其便会按自己的方式杂乱无章地生长。如果这样的话，蔓与蔓之间就会重叠，有的蔓将不会得到充分的光照，棚架上有的地方也会出现空白。为了使蔓得到充分的光照，有必要对蔓进行引导。蔓生长最旺时，一天能生长20厘米，因此需要每天对其引导。

葫芦的整枝工作中，最费时的就是侧蔓的处理。蔓伸展到棚架上时，侧蔓在其生长初期就应被掐掉。在棚架顶上，从子蔓（枝蔓）中生长出的孙蔓（水蔓），在第一节中长出蕊以后，从其中分离出的侧蔓要仔细地掐掉。侧蔓的掐取在成果一个月之后终止，以后与旧叶交替，新叶会生长得更加茂盛。

坐果：

葫芦的孙蔓（水蔓）不仅容易开雌花，而且在其上所结出的葫芦的形状也好。

一般来说，着果的位置越接近株根，葫芦的形状就越不好而且皮厚；越接近蔓尖的地方，结出来的果实形状好而且皮薄。所谓的不好主要是指葫芦下部膨大而上部膨胀得较小，而且大葫芦在收获的时候，越接近株根的位置，常常被认为不是很好。

结果的标准位置由于品种的不同也不尽相同，例如千成和百成等小型瓢，在第15节以上长出的孙蔓位置为最佳，大瓢和长瓢等在第30节以上长出的孙蔓位置为最佳。

人工授粉：

摘下雄花后，除去花瓣，然后将雄花的花粉轻轻涂抹在雌花的花蕊上。因为雌花的花蕊有三个瓣，所以授粉时一定要均匀擦到，否则葫芦容易长歪。

留种：

采收葫芦种子时，在开花之前先用纸袋罩上，授粉结束后，雌花继续罩袋，并记录下授粉日期。

疏果：

每株葫芦只能保留1~2个果实。如果选择不好，就得不到好葫芦。因此每天必须仔细观察，选择质量好的幼果。

葫芦的选果标准如下：

形状好、上部膨胀得大，花梗粗，葫芦嘴明显，果实正、不歪。

选果和摘果的时间为结果后10日左右。

追肥：

追肥的时期应该选择从雌花开花到着果期间为宜，它对于果实的茁壮成长有好处。追肥时间过早，容易使蔓生长过盛；时间过晚，容易使葫芦出现裂缝和大裂纹。

追肥的方法是先支起地面所铺盖的草垫子，在其下面施肥。如果铺盖的是地膜，在地膜上挖一些小洞，将液肥以1：200的比例稀释后浇灌。施肥时不要仅限于根部，要在整个大田里进行施肥。

根部护理：

梅雨季节雨水很多，地下水上涨，根部容易腐烂；夏季大田里很干燥，根部容易枯死；拔除杂草时，根部也容易受损伤；摘除侧蔓、授粉、去掉枯叶以及选果时，都会在棚架下走动，容易使根部受伤；如果一次性摘掉许多蔓时，那部分的细根也容易受损。

为了保护根部，考虑到梅雨季节的大雨，应挖掘排水沟；为防止夏季干燥和除草给根部所带来的损害，应考虑铺盖地膜或草垫；在地膜和草垫上行走也容易伤及根部，所以应搭设木板。

疾病处理：

葫芦在生长过程中最害怕生虫，包括介壳虫和蚜虫。还有一种凋萎病，可使葫芦藤蔓逐渐枯萎。

1. 炭疽病

这是葫芦在生长期最容易发生的疾病，特别是在连续降雨的时候。发病之初，叶子呈暗褐色并伴有圆形斑痕，呈同心圆状。结出的果实上有像用手指压出的痕迹，干燥后容易发生龟裂。

2. 白斑病

与多湿和干燥的环境关系不大，一旦发生不容易治愈。

3. 蔓枯病

在长期湿度较高的环境中，多发作于葫芦连续种植的场地。病状为：与地面接触的葫芦茎开始出现褐色纵向病斑，并伴有细小裂缝。如果病情进一步发展，病斑如被水浸泡过一样，叶子的一部分变黄，茎和叶子也开始枯萎。一旦葫芦生了蔓枯病，要及时将秧子拔出来并用火焚烧。火烧能烧掉虫卵和病菌，土埋会提高虫卵复活概率。

葫芦种植。（葫芦工坊山西基地小元拍摄）

炭疽病、白斑病、蔓枯病这3种疾病可以使用相同的药剂来治疗。由于黄瓜和甜瓜也容易受到这类疾病的侵害，多准备几种治疗黄瓜和甜瓜疾病的药物，可以经常变换药种，每周喷洒一次，以治疗葫芦的上述三种疾病。

害虫治理：

葫芦在生长过程中易受到黄守爪虫、青虫、油虫的侵害。如有虫害，将治疗各害虫的杀虫剂掺在一起，洒到害虫身上即可。注意同一药剂不要持续使用。

支撑方法：

在着果20天后，有必要在果梗处用绳系结实葫芦，使果实垂直向下。绳的质地选择防滑、柔软、结实的为宜。为了安全，最好系2处。遇到有大风时，要在大风到来前，将葫芦腰身部分用绳系在棚架上。

特大葫芦仅靠系绳是不安全的，要把葫芦放在一块板上吊起来。可是，如果吊早了，容易使葫芦的下半部分膨大变形，所以最好在着果后30日左右吊板。为了使吊板不积雨水，要将板挖出几个小洞。也有用洗澡巾作为吊带来使用的方法。

老叶的摘除：

葫芦叶在长出50～60天以后，光合能力逐渐衰减，老叶、缺少日照的黄叶以及受到病虫害侵袭的叶子都要摘除。如果不摘除老叶，就会妨碍其他叶子进行光合作用，而且通风不好容易发生病虫害。摘除老叶，可以使正在生长的新叶充分地进行光合作用。

晚坐果葫芦的摘除：

葫芦到收获季节一般需要50～70天。如果坐果晚，由于生长时间不足，所结葫芦不能完全成熟。这一时期，果实生长缓慢，如果

日本大亚腰葫芦

忽略不管，有的也能长大。对于晚结的葫芦，应尽量在其花蕾阶段
就摘掉，这样做能将养分充分地供给留用葫芦。

葫芦种植户们都在追求所种植的葫芦个大个长，或者个最小，
以图卖个好价钱。笔者在日本看到葫芦爱好者种出来了这种大葫
芦。非洲和美洲因为地理、气候的原因，也常种植此类大葫芦。

大葫芦工艺品备受市场青睐

第三章

葫芦食用

第一节　人类最原始的蔬菜之一

　　食用葫芦的现象不仅仅在中国存在，在亚洲日本、韩国、越南，非洲，美洲，大洋洲等地也普遍存在人类食用葫芦的生活场景和记录。

　　《诗经·小雅·南有嘉鱼》说："南有樛木，甘瓠累之。"朱熹注曰："瓠有甘有苦，甘瓠则可食者也。"就是说葫芦分甜葫芦和苦葫芦，甜葫芦的嫩瓢可以食用。《诗经·小雅·瓠叶》说："幡幡瓠叶，采之亨之。"幡幡，枝叶茂盛的样子。亨同烹，烹调的意思。

菜葫芦

这句意为将长得茂盛的葫芦叶子摘下来，烹调成美味的食品，类似于今天老百姓吃的南瓜尖。嫩叶的吃法，通常是煮熟凉拌或者摊鸡蛋吃。《管子·立政》："六畜不育于家，瓜瓠荤菜百果不备具，国之贫也。""六畜育于家，瓜瓠荤菜百果备具，国之富也。"从中可以看出古代将家畜、葫芦、水果视为国家贫富的标志，可知葫芦在食物中的重要性。现在，在欧美、大洋洲、非洲很多国家，人们依然食用葫芦。比如，新西兰的毛利人的食物以甘薯为主，葫芦为辅。尤其在夏季，毛利人会大量地食用葫芦。他们把较嫩的葫芦摘下来，放在土灶里烘烤后趁热吃，或者凉透了再吃。在波利尼西亚，人们一般不会食用葫芦，只有在饥荒年代，才会以葫芦为食。

葫芦的吃法很多。元代王祯在《农书》里写道："匏之为用甚广，大者可煮作素羹，可和肉煮作荤羹，可蜜煎作果，可削条作干……"他认为："瓠之为物也，累然而生，食之无穷，烹饪咸宜，最为佳蔬。"由此可见，古人是把葫芦作为瓜果菜蔬食用的，而且吃法多种多样，既可以烧汤，又可以做菜，既能腌制，也能晒干。现在这些吃法依旧流行，并且更加多样化。

将葫芦煮汤，清香四溢，味道鲜美，口感比冬瓜鲜嫩，烹饪方法类似笋干、冬瓜等。与其他瓜果不同的是，不论是葫芦，还是它的叶子，都要在嫩时食用，否则成熟后便失去了食用价值。葫芦过了柔嫩期，就变苦变硬，南瓜、冬瓜则不怕果皮外壳变硬。在这类瓜里面，也只有葫芦外壳变硬后可以做成容器和工艺品等，正所谓"八月中，坚强不可食，故云苦叶"。现在，京、津、冀、鲁等北方地区依然流行"八月前吃葫芦"这一习俗。

瓠子鸡蛋汤

葫芦可以素炒为菜，也可以做饺子、包子馅，加肉炖炒则可以变成荤菜。现在，经过各地美食家巧妙烹饪后，我们能够品尝到葫芦炖肉的美味。《东京梦华录》中约有四五处提到瓠（葫芦）羹，如第二卷记载开封皇城东南角有"徐家瓠羹店"，第三卷记载皇城西侧有"史家瓠羹"、州桥西侧有"贾家瓠羹"，第六卷描述宋徽宗喜欢在过年的时候，让市井小贩涌入皇城叫卖兜售各色小吃，其中最受他喜爱的小吃是"周待诏瓠羹"，买一份要花一百二十文。

宋代诗人王洋作诗《赏瑞香催海棠五首》（其一）云："刺绣窗前午梦惊，骊驹堂上礼初成。旁无粉黛灯笼锦，顿解饥寒瓠子羹。"

葫芦可以蒸食，《蒲松龄集·菜疏》中的"葫芦加料上笼蒸"可以证明。据说这种蒸葫芦还有十分神奇的食疗作用。

《山家清供》载："要之长生之法，能清心戒欲，虽不服玉，亦可矣。今法用瓠一二枚，去皮毛，截作二寸方片，烂蒸以食之。不烦烧炼之功，但除一切烦恼妄想，久而自然神气清爽。"

葫芦可以做成葫芦干收起来，等到冬日做成荤菜。我国山东省、辽宁省是葫芦干条出口大省，在瓠葫芦嫩的时候，将其切成条片、晒干，若等其成熟就会发苦。在夏日高温晾晒过程中，会采取硫黄熏等方法来杀虫灭菌。

《东京梦华录》记载："近岁节，市井皆印卖门神、钟十道、桃板、桃符……卖干茄瓠、马牙菜、胶牙饧之类，以备除夜之用。""干茄瓠"就是茄干、葫芦干。既是除夕之用，看来身价还不低。

葫芦干是怎样做出来的呢？《农桑撮要》上有相关介绍："做葫芦茄干，茄削片，葫芦、匏子削条，晒干收，依做干菜法。"直到清代，仍是这种做法。葫芦虽算不上什么高级菜蔬，但经过晒制的葫芦干，有其独特的风味，备受欢迎。旧时不但乡下人爱吃，达官贵人、公子小姐也十分青睐。《红楼梦》第四十二回里平儿对刘姥

葫芦条晒制过程（吴玉明拍摄于山东青州）

菲律宾食用葫芦　　　　　　北京延庆井庄镇的葫芦干条，　　青椒炒葫芦条
　　　　　　　　　　　　　用来炖菜、炒肉（徐浩然拍摄）

姥说："别说外话，咱们都是自己，我才这么着。你放心收了罢，我还和你要东西呢。到年下，你只把你们晒的那个灰条菜和豇豆、扁豆、茄子干子、葫芦条儿，各样干菜带些来——我们这里上上下下都爱吃这个——就算了。别的一概不要，别罔费了心。"你看，吃够了山珍海味，贾府的老少爷们也愿意用葫芦干换换口味呢。其实，葫芦干菜是中国人的传统食品。

　　葫芦可做成蜜饯。《晋书·祖逖传》"玄酒忘劳甘瓠脯，何以咏恩歌且舞。"其方法可能与现在的果脯制作方法差不多。还可以做成葫芦酱，《记事珠》记载："唐世风俗，贵重葫芦酱、桃花醋、照水油。"虽然我们不知道它的味道如何，但想来一定是不错的，否则便不会为古人所重。葫芦不但为人所食，更是养猪的优质饲料，好几部古代文献都提到了这一点。《氾胜之书》中记载：把葫芦剖开后，从果肉中刮下来的"白肤"可以"养猪致肥"，留下的种子可以"作烛致明"，也可以榨油、做肥皂等。葫芦工坊和葡萄牙、日本、韩国的日化企业合作，开发了葫芦凉茶、葫芦脆片等一系列产品。

第二节　葫芦的营养价值

　　葫芦是我们非常熟悉的一种食物，大家对于葫芦也是比较喜欢的。葫芦可以素炒为菜、炖肉、炖汤、做羹，也可以做包子、饺子馅等。很多人都认为葫芦是一种观赏性的植物，实际上葫芦是完全可以吃的，食用葫芦对健康有好处。

　　现代医学研究表明，葫芦的营养价值非常丰富。葫芦含有蛋白质及多种微量元素，有利于增强人体的免疫力。葫芦含有丰富的维生素C，可以促进抗体的合成，提高机体的抗病能力。葫芦中还含有胰蛋白酶抑制剂，对胰蛋白酶有抑制作用，具有降血糖的效果。葫芦里有较多的胡萝卜素，能阻止人体致癌物质的合成，具有防癌

菲律宾炒葫芦　　　　　　　印度炒葫芦　　　　　　　孟加拉国炒葫芦

抗癌作用。古代医书上记载葫芦还能清热解毒，常吃葫芦可有效防治痤疮等各种疮疖痈毒。

葫芦的外壳的药用价值也非常高，越是陈年的葫芦壳，葫芦的药用价值就越强。国内很多药材市场有专门的葫芦皮销售，用葫芦壳煮水喝，利尿轻身，还可以制成凉茶。

吃葫芦可以清热降火、生津止渴、化痰止咳、利尿消肿，同时，葫芦还有养颜护肤、抑癌抗瘤的功效，为此，韩国还专门开发了葫芦养颜护肤品。

葫芦茶（日本葫芦艺术家供图）

第三节　葫芦酱菜

笔者在研究日本葫芦食用技术的时候，发现了一种葫芦酱菜，即用嫩葫芦做成的一种酱菜，在日本卖得非常好。目前，这些葫芦主要在泰国等地种植，然后加工成酱菜包，运往日本销售。在山东青州，有日本企业投资的酱料生产企业。可见，日本葫芦企业为了提高生产技术壁垒和降低生产成本，把葫芦酱菜的原材料，即嫩葫芦的种植和酱料生产分别放在了不同的国家，这是一个成熟企业经营的高明之处。

葫芦酱（葫芦工坊联合山东美华农业科技有限公司联合开发）

我国在酱菜生产方面有着丰富的资源和成熟的技术，又是葫芦种植大国，笔者也万分期待有朝一日国产葫芦酱菜能够走进超市，端上百姓的餐桌，为中国人的营养健康贡献力量。

日本葫芦企业研发的葫芦酱菜

第四节　现代葫芦粉萃取技术及应用

印度食用葫芦种植

由于现代生物技术的发展，出现了葫芦粉萃取技术，即用现代生物萃取设备把瓢葫芦的瓢子先脱水烘干，粉碎至80目以上，即可得到葫芦粉。用葫芦粉混合面粉、葛根粉及其他中草药粉末，即可加工成现代化休闲食品、保健品等。目前国内有葫芦工坊文化产业有限公司等在研发生产葫芦面条、葫芦减肥食品等。日本也有葫芦减肥保健食品。葡萄牙、西班牙有研究实验室正在研究葫芦功能性食品，如通过葫芦粉、蚕茧蚕蛹粉等混合加工成功能性运动食品。可见，随着现代生物技术和食品加工技术的进步，葫芦的营养保健价值得到了越来越多的重视。

另外，无硫葫芦干条晒干以后，要快速进行葫芦粉萃取，这样为以后的葫芦食品研发提供了技术保障和原材料储备。葫芦工坊利用葫芦粉研发了葫芦饼干、葫芦奶茶、葫芦椰子粉冲泡饮料等。日本较为流行的是用葫芦粉加工成面条，欧盟国家是通过食品厂把葫芦条加工成运动休闲食品。

葫芦工坊利用葫芦粉萃取技术生产的葫芦面条　　日本葫芦企业生产的葫芦面条

第五节　葫芦条（干瓢）

　　目前，日本是世界上食用葫芦量最大的国家之一。日本知名的江户前寿司的底下是寿司饭，上面盖生的鱼、贝、肉等食材，中间是干瓢卷，也就是干葫芦条的卷寿司。如今山东省青州市专门有葫芦干（也叫干瓢）出口，远销国外。到日本吃料理，最后一道菜一定是葫芦寿司，只要细致观察，一定会发现葫芦干条，据说都是从山东青州进口的。近些年来，日本在华投资了多家食品企业，生产葫芦干条，这些企业分布在新疆、黑龙江、内蒙古、山东等地。

瓢葫芦种植基地山东青州

制作葫芦条

　　葫芦干条从制作流程上又分为有硫和无硫两种。无硫水分大，制作麻烦，保质期短。通常，会采用传统工艺方法进行有硫熏干，同时又要保证硫的含量不超标，这是一个很复杂的过程。

　　目前，山东青州每年出口日本的葫芦条上千吨，很好地带动了葫芦干蔬的产业发展。葫芦工坊近些年在葫芦研发上投入了大量的人力物力，运用高科技成功萃取了葫芦粉，用于制作葫芦化妆品、葫芦手工皂、葫芦面条、葫芦酱等，拓展了葫芦的应用范围。葫芦工坊联合传统鲁菜烹饪大师，用葫芦条作为主材，先后开发了50多道菜，葫芦宴有朝一日一定会重返百姓餐桌。

漂白过的葫芦条

日本寿司里的葫芦条

日本食用葫芦条

第四章
葫芦日常器用

　　闻一多认为，古器物先有匏，而刳木、编织、陶埴、铸冶次之。除了食用外，葫芦可以被制成各种有用的日常器物。

　　葫芦作为日常生活用具，其用途也是多方面的。葫芦取材方便，制作简单，有相当大的容量，而且体轻，便于携带，所以最早为人类所用。另外，它还有冬暖夏凉的优点，《埤雅》里写道："乘者以瓢盛酒，冬即暖，夏即冷。"原因是葫芦质软，导温慢，再加上密封性能很好，所以葫芦内外的温度有一定的差别。另外，葫芦是双细胞结构植物，贮存时有保温祛湿的作用。

尼日利亚姑娘们头顶葫芦搬运东西

第一节 源远流长的盛器

　　葫芦最明显的用途就是用来盛放东西，因此，无论葫芦生长在哪里，它作为容器的功能都具有较高的普遍性。

　　葫芦，也叫"瓢"，用葫芦做取水和贮水的工具是很普遍的。水瓢是用来取水的一种工具，以前的农村都是用水缸来盛水的，取水时就用这种工具。现在，我国北方的农村较常用，还有的地方叫做舀子。我国古代用葫芦做水瓢，《钦定授时通考》中记载道："瓢杯剖瓢为之，制为樽，语称瓢饮是也。杯以挹水，农家便之，其损者以倾肥水，亦积粪所必需也。"至今，在农村用葫芦来舀水、盛东西很普遍，而在水缸旁必有水瓢，农村妇女做饭，都以添几瓢水来

非洲喀麦隆北部游牧民族的葫芦碗

计算水量。据农妇们讲，用水瓢淘米可以把米中的沙石过滤出来。原因是水瓢用过一段时间后，底部就会变得凹凸不平，米中的沙石就会滞留在水瓢底部。用大葫芦做成的水瓢、面瓢轻便结实，即使摔在地上也不会破碎，所以很受人们的欢迎。在炎热的夏季，用水瓢舀起一瓢井水解渴，会觉得分外清凉、沁人肺腑。相信用葫芦做成的水瓢喝水，也是我们儿时的共同回忆。

《论语·雍也》中写道："贤哉回也！一箪食，一瓢饮，在陋巷，人不堪其忧，回也不改其乐……"后世遂用"瓢饮"喻生活简朴。

非洲马里共和国的很多民族以大葫芦汲水，顶在头上运输。2009年，时任国家主席胡锦涛访问非洲时，马里儿童向胡锦涛献上装有水和可乐果的葫芦瓢，隆重欢迎远道而来的中国贵宾。

我国傣族、哈尼族以长形葫芦汲水，背在背上。笔者在云南省楚雄彝族自治州当地老乡家里也发现过这种用葫芦做成的盛水工具，此外，葫芦还可以做成一种漏粉条的漏斗工具。在太行山里的"粉条村"，家家户户漏粉条，一天漏上千斤，他们使用的漏斗就是将一个葫芦锯开成两半，然后再在瓢内挖几个合适的眼儿，把面放进瓢内用力拍打，粉条就漏下去了。还有一种漏斗用墩葫芦（长柄葫芦）制作，主要用于漏香油。由此可见，葫芦作为生活用具，因为其取材轻便，广泛应用在日常生活中。

在南亚、非洲和拉美的一些地区，至今还用葫芦做成饭碗、茶杯、饭勺、羹匙等物品。比如，在夏威夷群岛和复活节岛，葫芦不仅用来制作水壶，还用来盛放各种各样的物品。

古人喜喝酒，酒器的种类繁多，葫芦便很自然地被加工成酒

非洲葫芦勺子、葫芦碗

杯、酒壶。《诗经》里的"酌之用匏","匏"指的就是葫芦酒杯。古代有祭天之礼，也是使用葫芦酒杯，称为"匏爵"。用葫芦做成的酒器虽然简单，却是很尊贵的东西。《春秋》中的"樽以鲁壶"，意为用鲁地的葫芦做成酒杯，谓之"壶尊"。古人认为"匏"与"包"同音，取其可包藏东西之意，象征上天容纳万物、博大精深；陶为土质，与地相联系，代表大地。用陶、匏祭祀天地，寄托着祖先希冀上天赐福于他们的美好愿望，后来这种葫芦杯子的身价渐跌，一般人也用其饮酒了。明代还有人专做葫芦酒杯，供饮酒使用。做酒杯只能用小一些的葫芦，大葫芦则用来装酒，所谓"酒葫芦"是也。《水浒传》写快活林酒店的门前有两把销金旗，上书"醉里乾坤大，壶中日月长"，其中的"壶"即指酒葫芦，非陶瓷酒壶。

葫芦不仅是装酒的容器，也是分酒器。

古代夫妻结婚，饮合卺酒，卺即葫芦。将葫芦劈为两瓢，且以线相连饮酒，象征新婚夫妻连为一体，夫妻百年后灵魂可合体，因此古人视葫芦为求吉护身、避邪祛祟的吉祥物。葫芦与仙道的关系非常密切，《列仙传》里的铁拐先生、尹喜、安期生、费长房这些传说中的人物，总与葫芦为伍，导致后来葫芦成为成仙得道的标志之一。道家用葫芦主要有三个作用：装酒、装药、装符避邪。

《三才图绘·器用》中记载："葫芦樽，用大小瓠为之，中腰以竹，上凿一孔，以竹木旋管为简马上下相联，坚以布漆，中开一孔，如上式，但不用足，口上开一小孔，并盖子，口透穿横插铜销用小锁闭之，以慎虞上同此制。"

在广西的瑶族、四川的藏族、纳西族人家里有一种大酒葫芦，外皆包以竹箓，下为圈足，这样便于保护，平稳、不易倾倒。葫芦之所以适合制作水壶、酒壶，是因为其具有四大优势：一是轻便，二是实用，三是易于更换，四是取材方便。当年种，当年收，这是不同于椰子、竹子的最大区别。

葫芦合卺（郑顿提供）

尼日利亚的葫芦容器用来装牛奶

美国葫芦容器

韩国葫芦瓢

非洲葫芦容器

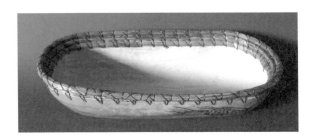

葫芦果盘

用来装食物和水的非洲葫芦盛器

用来装食物和水的印第安人的葫芦盛器，带有葫芦盖子（徐浩然收藏）

波利尼西亚葫芦容器，主要用来盛放肉类、油、鸟蛋等

中国广西瑶族的葫芦提篮，主要用于盛放食物、谷种等

毛利人在夏天吃的嫩葫芦。等葫芦成熟后，做成葫芦容器装水、装食物，也可以做成乐器

第二节　五花八门的乐器

成熟干透的葫芦，在摇动时能发出沙沙的响声。葫芦可以做成各种各样的民族乐器，其中，最常见的有葫芦丝、葫芦笙、葫芦琴、葫芦拨浪鼓等。巴西内陆地区的人们将葫芦制成喇叭、长号，非洲人民将葫芦制成鼓、木琴等。那些破损的葫芦因气体、液体的进出而发出呜呜、呼噜或

葫芦埙

噗噜之声，很容易启发人们，有意在葫芦上弄出破洞，并发现了葫芦的易破性。在掌握了烧陶技艺后，人们据此发明了率礼乐之兴的埙的制作方法。在古代，葫芦是制作乐器的重要原材料，其价值不亚于丝、竹。

在《尧典》中，有匏为八音之一的说法。八音，指八种质料、发音不同的乐器，即金、石、丝、竹、匏、土、革、木。金如铜钟、铜鼓，石如石磬，丝如琴、瑟，竹如笙、笛、萧，匏如匏笙、匏笛，土如埙、缶，革如各种鼓，木如梆子、木鱼等，其中，匏即葫芦，属于一个大类。

汉代的《礼乐志》中有记载"葫芦笙"，后来，晋朝的崔豹在《古今注》中写道："瓠有柄者，悬瓠可以为笙。曲沃者尤善，秋乃可用之，则漆其里。"这句话是说长柄葫芦可以加工成笙，其中以曲沃的葫芦为最佳。在古代，笙是一种高贵的乐器，《诗经·小雅》中记载，"我有嘉宾，鼓瑟吹笙"。《韩非子》中记载，"齐宣王使人吹竽，必三百人……"笙、竽吹奏出来的乐声被称为"凤鸣""正月之音"。曲沃葫芦因为有这样的价值，被誉为"河汾之宝"。葫芦主要用来制作笙最下面的"笙斗"，即笙管下面的风箱部位，演奏者就是手捧这个笙斗进行吹奏的。考古发现，也有全部用葫芦做成的笙。商承祚的《长沙古物见闻记》中有"楚匏"一则，记载道："二十六年，季襄得匏一，出楚墓，通高约二十八公分，下器

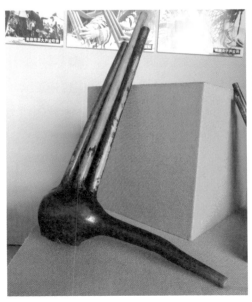

中国云南昆明云南民族博物馆的乐器

葫芦丝表演（徐浩然拍摄）

高约十公分，四截用葫芦之下半。前有斜曲孔六，吹管径约二公分，亦为匏质。口与匏衔接处，以丝麻缠绕而后漆之。六孔当日必有簧管，非出土散佚则腐烂。吹管亦匏质，当纳幼葫芦于竹管中，长成取用。"这件笙的笙斗是用长柄葫芦的浑圆处制作的，吹管是用细柄处制作的。当然，要找到粗细、长短完全一致的葫芦柄也不容易，所以事前又经过"纳葫芦于竹管中"的范制过程，使它的粗细完全符合需要。衔接处"以丝缠绕而后漆之"，是因葫芦的质地毕竟不甚坚硬，容易在粘接处折断，所以用丝麻缠紧后再上一层漆，是为了加固。

以葫芦为笙是"古制"，到了唐代，中原地区已基本没有葫芦笙了。唐代的《通典》中写得很明白，"今之笙竽，以木代匏而漆，殊愈于匏"。而在南方的一些边远地区，葫芦笙仍然存在，"荆、梁之南尚存古制，南蛮笙则是匏，其声其劣，则后世笙、竽不复用匏矣"。由此可知，葫芦笙的音色并不太美，起码与木制笙比起来，是大为逊色的，所以被逐渐淘汰。《宋史》中也描述其乐声，"一人吹瓢笙，如蚊蚋声。"葫芦笙是在什么时候传入我国西南少数民族地区的，尚不太清楚，但在隋唐时，便已在这些地区流行开来。《隋志》《唐志》上发现有这方面的记载，唐宋时，这些地区的青年夜间以吹葫芦笙相邀约，"声韵之中，皆寄情言"，起着传情达意、互致爱意的作用，甚至劝酒时也吹葫芦笙，以表盛情。

根据现代考古材料，在云南晋宁石寨山西墓群中，不仅发掘出铜葫芦笙，而且在石鼓上还绘有吹奏葫芦笙的图画。现在，葫芦笙仍是苗、侗、水、彝、亿佬、拉祜、阿昌等少数民族的常用乐器，特别是在苗族地区，更为流行。还有一种"葫芦箫"，用葫芦做音箱，下部插竹管，原理与笙有相似之处。

除了笙、竽等簧管乐器外，葫芦还可以做弦乐器或弹拨乐器的共鸣箱。隋唐时，我国西南地区就有一种匏琴，四弦，似琵琶，以葫芦做音箱，上面再蒙以木板。在清代宫廷的成套乐器中，也有以范制葫芦做成的四弦琴和二弦弹拨乐器。不过，这时的葫芦乐器已不仅仅是为了演奏，也是作为工艺品来摆设赏玩的，流传到现在都已是价值不菲的艺术品了。

西洋乐器中经过改良的葫芦乐器就五花八门了，澳大利亚葫芦爱好者就用葫芦作为发声腔，改良了20多种乐器。与此同时，笔者认为葫芦在乐器应用方面，还有3点需要加强理论和实践研究：

第一，非洲的葫芦乐器；

第二，印第安人的葫芦乐器；

第三，玛雅文明时期的葫芦乐器。

笔者在参加日本葫芦节的时候，还看到了一种葫芦和海螺的组合乐器，声音悦耳。除此以外，新疆的葫芦摔跤舞、宁夏回族的葫

日本人将瓢葫芦与海螺镶嵌而成的一种乐器（徐浩然拍摄）

芦哨、云南傣族的葫芦丝、藏族的葫芦琴、夏威夷的葫芦舞蹈、印度的葫芦笛子、毛利人的短笛鼻笛、南美洲的葫芦水鼓等与葫芦乐器相关的文化都值得我们去深究和学习。敦煌壁画中有大量的乐器图画，反映了中国乐器发展得最辉煌的时期。20世纪90年代初，时任敦煌研究院研究员的郑汝中先生、庄壮先生经过大量研究，仿制出一批壁画乐器，在国内外引起了强烈反响，其中有葫芦琴、葫芦琵琶等。非洲有一种瓢葫芦的乐器，名曰葫芦水鼓，将较大的葫芦瓢装满水，葫芦倒扣着，用木槌击打葫芦，发出声音。

18世纪的印度葫芦乐器

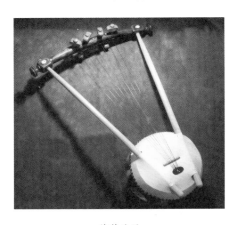

葫芦乐器

吹奏葫芦乐器　　　　　　　　非洲葫芦乐器（徐浩然收藏）

葫芦乐器

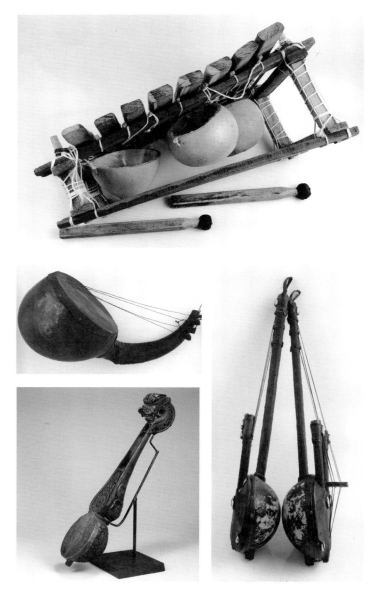

非洲葫芦乐器（徐浩然收藏）

19世纪末的葫芦乐器

葫芦形乐器（现代仿制品）

葫芦拨浪鼓

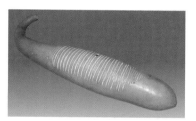

国外葫芦乐器。采用长条葫芦制作，在葫芦背面挖直线槽，用一根小木棒击打或者划拉，发出响声

云南西双版纳的葫芦乐器（徐浩然拍摄）

非洲葫芦琴
（徐浩然收藏）

肯尼亚葫芦琴

国外的专业葫芦乐队，以演出、葫芦教学培训为生

冈比亚葫芦乐器演奏

第三节　悬壶济世的药材

德国柏林民俗博物馆的吴森吉博士在《葫芦在中国文化上的用途》里写道："葫芦中所装的都是起死回生的万灵药，所以自古就传有'悬壶济世'这句话。"常言说，"葫芦里装的什么药"，最初可能仅仅因为它是现成的容器，不需要复杂加工，但仔细推究起来，用它保存药物确实比其他质地的容器如铁盒、陶罐、木箱等更好，因为它有很强的密封性能，潮气不易进入，容易保持药物的干燥，不致损坏变质。从古代典籍中看，古代医学家孙思邈扛着锄头去采药，锄头上必挂一个药葫芦。古代道家多行医，同时还炼丹。很多神医、

道教仙人与葫芦、龙

神仙、高人在小说故事里都背着葫芦或腰悬葫芦，如安期生、左慈、铁拐李都带着药葫芦。尹喜炼丹时，有四种用具，其中就有葫芦，以贮存炼丹原料。葫芦本来只是装药的容器，久而久之，就成了道家的标志。铁拐李、南极仙翁、济公和尚、费长房这些人物都和葫芦有关，《后汉书》中有费长房的故事，说的是河南汝南县人费长房看到市集上有一老翁"悬壶于肆"卖药。这老翁自称是"神仙之人"，邀费长房进入壶中饮宴，此壶中别有天地。尔后，道教就把仙人所居的仙境称为"壶天"，中国社会科学院民族研究所的资深研究员刘尧汉考证出古代以葫芦为壶，壶即葫芦，"悬壶济世"也就是"悬葫芦济世"了。医学治病救人为济世之术，"悬壶济世"把葫芦文化与中医学紧密关联在一起。通常我们所说的"葫芦里卖的什么药"，就是把葫芦作为装药的容器，现在很多药瓶都是葫芦形状的。

葫芦在药用方面，有记载的药方从汉唐到明清数不胜数，先人经过世世代代的尝试，逐步发现、总结出它多方面的药用功能，诸如消肿、利尿，治疗龋齿口臭、鼻塞气塞、鼻息肉、眼目昏暗、聤耳出脓、风痰头痛、黄疸、瘘疮、脚气、灼伤、蛊毒等等。夏威夷群岛的苦葫芦不能食用，但它的汁液与海水混在一起，被当地的祭司用作强力泻药。在漫漫历史长河中，人们总结出许多以葫芦为原料的中药方剂，仅从《本草纲目》《普济方》中即可领略葫芦药方的繁多。葫芦的医药价值为世世代代的许多病人解除了病痛之苦，恢复了身体健康。葫芦的治病救命功能，也成了葫芦崇拜的重要根源之一。葫芦的医药功能被神化，对后世产生了深远的影响，成为了治病去灾的精神寄托，包括葫芦的生殖象征和崇拜，寓意母体繁衍和多子多福。

道教仙人韩湘子，身背2个药葫芦

第四节 冲锋防御的武器

　　葫芦在军事战争中有丰富多彩的用途，比如，冲阵火葫芦、对马烧人火葫芦、火箭葫芦、飞雷葫芦、葫芦帽、葫芦水壶、葫芦马标、葫芦舟等。《武备志》中记载道："鑫类葫芦，中为铳心，以藏铅弹，葫内毒火一升，坚木为柄，长六尺，用猛士持放，与火牌相间列于阵前，马步皆利。"在古代，这种"冲阵火葫芦"算是较为先进的战争武器了。不过，后来这种武器只保留了"火葫芦"之名，火药、铅弹改为装入铁葫芦或铜葫芦之中。用天然葫芦制作的火器，一些少数民族还在使用，像彝族、侗族的"火药葫芦"就是用瓢葫芦装着火药、铅弹，点着火后用力擿向敌阵，颇似一颗威力很大的炮弹。用葫芦装火药、子弹，在欧洲战争期间还有大量的案例。

　　火药是我国炼丹家发明的，唐末开始用于军事，宋元时期，火药武器广泛用于战争。蒙古军队在征战中，将他们掌握的火药、火器知识和制作技术传往中亚、西亚和欧洲。宋代人编著的《武经总要》一书，记录了当时的十多种火器，包括火箭、火炮、火药鞭箭、引火球等，并详细记述了火药的成分。

　　金人学会了制造火器后，发明了铁制炸弹，金人称之为"震天

雷"，宋人称之为"铁火炮"。"震天雷"用抛石机发射，弹壳用生
铁铸成，有罐子形、葫芦形、圆体形、合碗形四种，其中罐子形的
震天雷内装火药，上安引信，发射出去后，弹片飞起，可钻透铁
甲，杀伤力相当大。这些装火药的容器最原始的雏形都是葫芦。火
药被蒙古族应用到了炉火纯青的地步，同时，蒙古族还有一种箭筒
也是用葫芦做的。笔者在日本访学时，看到了这种用长条葫芦做成
的箭筒，其内外壁都经过了涂漆处理，不仅美观，还有很强的实
用性。

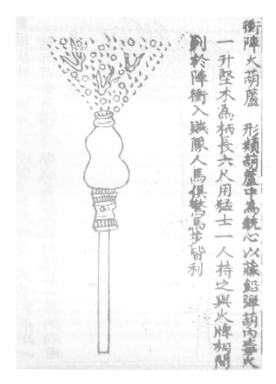

方阵火葫芦

位于我国贵州从江县的岜沙苗寨，全村共5个寨子，470余户人家，2200余人。由于岜沙男人总是把火枪扛于肩上，因而岜沙苗寨也被誉为"中国最后一个枪手部落"。成年岜沙男人有三宝五备，三宝是户棍、火枪和腰刀，五备是酒篓、烟管、葫芦、腰包和花袋。火枪不能填充和发射子弹，需要从枪筒灌入火药和铁砂粒，平时枪筒内不放火药，而是装在葫芦里随身携带着。岜沙男人将火枪斜扛在肩上，由心上人或家人亲手制作的花袋斜背着，腰刀、酒篓、葫芦、烟管和腰包在腰间环绕，身着黑色高腰衣、直筒大裤子，光着一双大脚板，面色刚毅，头顶缠着条状头巾帕，活脱脱一个战国武士。

士兵随身带着水葫芦

古代战争中常用的葫芦火器

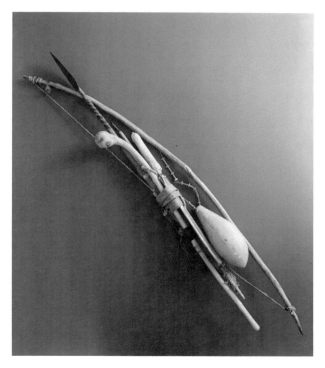

19世纪末，非洲马赛牧民携带的剑、弓、箭、矛、棍、葫芦

第五节 救死扶伤的浮器

葫芦是天然密封物，它轻巧、结实，在水中的浮力很大，是人类最早的渡水工具之一。根据历史文献记载，葫芦在先秦时期是重要的水上工具，《诗经》中记载道："匏有苦叶，济有深涉。"《国语》中记载道："夫苦匏不材，于人共济而已。"陈世俊画的一套《番俗图》中有一幅《渡溪图》，有人拉着牛尾巴过河，配以诗文："腰披葫芦浮水，挽竹筏冲流竞渡如驰。"这是台湾少数民族以葫芦为舟的情形。这种工具被称作葫芦舟，又称为腰舟。作为古代的重要交通工具，葫芦被很多民族放入到神话传说当中，扮演着重要的角色。在我国30多个少数民族的创世造人神话里，葫芦都起着渡人救人的作用。

葫芦筏子

《琼州黎民图》的题记为："黎中溪水最多，势难徒涉，而黎人往来山际，必携绝大葫芦为渡。每遇溪流断处，则双手抱瓠，浮水而过。虽善泅者亦不能如捷，不可谓非智也。"黎族人用藤条箍住葫芦，以防止葫芦破裂。过河时，先把衣服脱下，放到葫芦中，盖上盖子，然后抱着葫芦便可游到对岸。

做葫芦舟的这种葫芦，是有柄的圆形葫芦，体积都很大，小的高约为40厘米，大的高约为60厘米，腹径一般在30～50厘米。通常将顶端削去，留一开口，讲究的还要安置一个盖子，并在葫芦周身套编若干藤条，起两个作用：一是保护葫芦不受碰撞，二是便于在水中抱握。过河时，人们把衣服脱下后，通常是塞到葫芦的内囊中，盖上盖，然后抱着葫芦游渡，抵达彼岸后，再取出衣服，穿上后再背着葫芦赶路。江淮一带的船家为了保证孩子的安全，常在孩子的腰上绑上葫芦；在海滨游泳的人，也在腰间绑一个大些的葫芦，以防不测。现在，山西省的南部也有人将葫芦做成船渡河，台湾高山族则有骑葫芦过海的壮举。在非洲，某些国家至今还保留着利用葫芦抓鱼、游泳的习俗。

游泳时用的葫芦

尼日利亚人民用葫芦捕鱼的生活场景

在电影《黄河绝恋》中，就有镜头描述了葫芦救生渡水的场景。海南彝族的葫芦舟技艺现在已是省级非物质文化遗产，广东沿海地区的渔民也有在孩子身上绑一个葫芦的习俗，防止孩子不慎失足落水。在电影《浮城大亨》的开场中，我们看到了很多这样的生活场景。在我国解放战争时期，还有刘邓大军用葫芦舟行军打仗的故事流传至今。

在非洲，葫芦是一种捕鱼的工具，把葫芦开一个大口，就可以在河里捕鱼，葫芦既是漂浮工具，又是装鱼的容器。在南太平洋地区，葫芦还被用来盛放衣服。出海航行时，用于盛放大鳍金枪鱼片或者椰子酱，两个葫芦并在一起就可以变成装鱼饵和渔具的容器。

 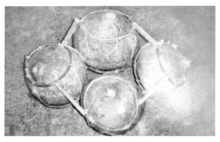

在电影《黄河绝恋》中，葫芦被当作漂浮工具　　我国解放战争中用过的葫芦漂浮工具

第六节　传统农业的生产工具

装满各种植物种子的葫芦瓢（盖亚基金会提供）

　　葫芦可以做成农具。葫芦是点种、保存谷种的天然容器，也是脱籽工具。有一种古代瓠种器，是一种农业生产中较常用的工具，《齐民要术》称其为"窃瓠"，可见早在一千多年前，就已经有了。在新中国成立初期，山东、辽宁等省有些地方还在使用，称为"点葫芦"，足见这种简易的农具有着很强的生命力。"点葫芦"的做法很简单：将干透的大葫芦在两头各开一个圆孔，掏出葫芦籽，作为播种时贮存种子的容器。在圆孔中插入一根木棍，木棍的上下两端都露在葫芦的外面，上端较长，为柄；下端较短，用来插入土中播种。木棍在葫芦中的部分有一条空心槽，一直通到最下端，种子就顺着空心槽排出。也有的不用木棍，而是用一根竹竿穿在葫芦中间，将竹节打通，这样更省事一些。播种时，将瓠种器系在腰间，顺着开好的沟垄走，一边走，一边用木棍敲击瓠种器的柄，以振动葫芦中的种子，使其不断落入沟内；也可以用来点播，只要把排种口插入土中，稍加震动，种子便会播出。这种瓠种器不仅提高了播种效率，还有耐旱、防暴雨袭击的效果。

葫芦也是手工业工具。云南砚山有一种模制陶器方法，制陶时，先和陶土，然后以葫芦或葫芦器皿为内胚，外涂陶土，修成器坯，再以火烧，从而成为陶器，而作为内胚的葫芦就化为灰烬了。

葫芦瓢

塞内加尔的农村集市上的葫芦容器

葫芦形招幌（徐浩然拍摄于北京前门大栅栏）

故宫专家曾出书解读陶器的原器是葫芦。在辽东半岛的农村，老年妇女坐在炕上，倒扣一个葫芦瓢，用一根筷子在瓢背上挤压棉籽，所以葫芦瓢又是脱棉籽工具。在现代生活中，还有用葫芦做针线盒的。

在集市上，葫芦瓢供不应求。许多人用它舀水、盛粥、舀面，或者做成漏瓢，制作粉条、粉丝。

过去，工商业多以葫芦为招幌，比如商店多以葫芦为招牌、幌子，其中有几种：一种为酒店，《北京风俗图谱》中的酒店门前就坐立一个细腰葫芦，该书中有一幅"中元莲灯图"，背景是一家酒店，门前悬挂一个酒葫芦。一种为药店，过去北京老醋坊的门前也挂一葫芦幌子。一种是鼻烟店，多挂红、绿色两个葫芦。这些幌子，皆取意于葫芦为容器，能盛酒、药、醋、粮食。此外，有的油盐店也挂葫芦，其上书写"米面油酒，伏乳小菜"八个大字。目前，这种葫芦形招幌在日本也很常见。

尼日利亚葫芦碗

非洲葫芦碗和勺子

非洲葫芦提篮

非洲葫芦罐

非洲葫芦碗，带几何图形雕刻花纹，作用类似盘子

葫芦茶叶罐，底款：荣宝斋（徐浩然收藏）

第七节　传统休闲的烟具

　　葫芦烟具主要分为葫芦水烟袋、葫芦烟枪、葫芦鼻烟壶。

　　旧时，北京流行水烟袋，又称葫芦烟袋，就是以葫芦制成的。
鼻烟壶在中国和阿拉伯国家都流行，多以细腰葫芦做成。

吸烟的埃塞俄比亚女人

我国清朝时有一种人工栽培、范制的葫芦烟壶，有扁壶、圆壶、方壶多种，其上还有花草、人物、动物等形象，后来多以玻璃仿效之。

笔者在2017年作为联合国开发计划署青年实践专家在云南楚雄彝族自治州进行青年实践项目时，在牟定县彝和园一家客栈庭院里发现了一个葫芦水烟枪，顿时来了兴致，并开始了相应的研究。

葫芦作为一种天然的烟枪载体，历史悠久，种类繁多，通常分为水烟枪和大烟烟枪。水烟枪在云贵高原少数民族聚集区常见，大烟烟枪则常见于京津冀和东南沿海一带。

烟枪是用来吸食鸦片的工具，因其外形类似枪支而得名。清朝时，鸦片大量流入我国，吸食鸦片的工具应运而生。因吸食鸦片的人大多精神萎靡、毫无力气，吸食者多是躺着吸，而烟枪的外形适合躺着吸，所以烟枪流传甚广。

吸水烟是中国传统的吸烟方式之一。水烟可以通过水烟袋或水烟筒吸食，水烟袋和水烟筒都是用嘴吸，使里面产生负压，烟气通过水被吸入口中，吸食时会发出"咕咕"的声音，据说这样能减少有害成分。烟袋、烟筒里如果盛白糖水，吸出的烟有甜隽之味；盛甘草薄荷水，则可以清热解渴。

在云南，水烟筒至今还可看到，水烟袋则比较少见了。水烟袋流行于明末、清代、民国时期，20世纪卷烟流行后逐渐退出历史舞台。在云南农村，上了年纪的老人，抽的多是葫芦形的水烟袋。劳累了一天的人们，三五成群地聚在一起，怀里抱着一只水烟筒，旁边放一包烟丝，咕噜咕噜，一边聊着田间地头的庄稼长势、左邻右舍的婚丧嫁娶，一边传递着水烟筒，你来几口，我来几口。

南苏丹葫芦烟斗　　　　　　　　云南水烟筒

　　水烟筒上的印记是店铺的品牌和广告，一般刻于不影响外观的底部或烟仓盖里面，有的烟托、烟仓、烟斗底部三个款识一致，有用钢印凿印而成的，也有手工刻字的。水烟筒的插管有两根，是用来插烟钎、镊子或煤头纸条的。插管是重要的装饰件，对整体起平衡美化作用。一把精致的水烟筒的插管总是很讲究，插管上部有的做成香炉形，有的做成葫芦形，也有球形、喇叭形、腰鼓形等。当下，文玩葫芦的爱好者利用现代金属模具工艺改良了葫芦烟枪、水烟袋，花样层出不穷。

葫芦烟斗　　　　　　　　　　葫芦水烟筒

制作葫芦烟斗专用的葫芦

　　这些看起来很奢侈的烟斗不仅用于展示，而且还能散发出黑烟。种植这些葫芦的唯一方法就是通过在其生长过程中人工干预，使其变成弯曲形状，从而成为管道。成熟后，将其切割、干燥并制成精美的烟斗。

　　葫芦工匠们利用葫芦管干燥、凉爽的特性，使烟从这里冒出。葫芦烟斗比普通的烟斗更凉爽、干燥和醇厚，因为从葫芦内部传出的烟气损失了大部分热量、水分。葫芦烟斗的烟腔通常是用海泡石制成的，但也可以用木头、瓷器制成，有时还可以用防燃塑料制成。

　　现在流行于欧美的葫芦烟斗主要采用非洲的葫芦和土耳其的海泡石制成。海泡石是一种天然材料，有点像贝壳，经常在黑海中漂浮，也少量出现在希腊的某些地区。据记录，最早的海泡石烟斗出现于1723年左右，由于其材料的独特性以及能够提供凉爽、干燥和美味的烟气而广受欢迎。

　　在非洲和阿拉伯半岛的交界处，有一种比较常见的葫芦烟具，采用葫芦、竹子、黏土等制成，这种形状的葫芦烟具在中国叫"大烟袋子"。

　　葫芦烟具在亚洲、大洋洲、非洲同时出现，还是非常有研究意义的。至于它的发源地，目前还没有深入研究，但肯定和古代丝绸之路有关系。

葫芦烟斗　　　　　　　　　　葫芦烟斗（徐浩然收藏）

第八节 祈福求福的手把件

葫芦作为祈福求福的手把件，常见于故宫藏品。

在《雍正妃行乐图》中的《消夏赏蝶图》里，户外湖石玲珑，彩蝶起舞，萱草含芳，室内仕女手持葫芦、倚案静思。此画描绘的虽然是仕女夏日休闲的情景，表达的却是乞生贵子的吉祥意愿。

萱草，又名忘忧、鹿葱。《草木记》谓"妇女怀孕，佩其花必生男"，人们认为它有助于孕妇生子，所以有"宜男萱"之美誉。葫芦，属于生命力旺盛的多籽植物，常被用来隐喻"百子"之意。画家巧妙地将萱草与葫芦绘于石侧、掌中，既增加了画面的观赏性，又蕴涵了求子的深意。

《雍正妃行乐图》中的《消夏赏蝶图》，现存于北京故宫

葫芦手把件

葫芦揉手（首都博物馆藏）　　　　　葫芦招财鼠

葫芦烙画钱袋子（张天慧收藏）

揉手，是老北京的一种叫法，类似于现在常见的健身球。两个大小相似的揉手，通过在手中盘转，不仅能够达到活络筋骨的作用，而且时间一长，揉手就会变得晶莹润泽，宛若凝脂，让人爱不释手。

手把件（随形葫芦巧烙招财鼠）

手把件（葫芦熊猫）

手把件（葫芦烙画足球）

针刻微雕鸡蛋葫芦

第九节　蓄养鸣虫的虫器

在宋代，人们已经开始设法通过栽培技术改变葫芦的颜色和形态，种植出观赏价值更高的葫芦，如《格物粗谈》记载道："种细腰壶卢一棵，傍种全红大苋菜几棵，待壶卢牵滕时，将壶卢梗上刮破些须，再将苋菜梗上亦刮破些须，两梗合为一处，以麻叶裹之，不可摇动，结时俱是红壶卢，甚妙。"这个说法经现代葫芦种植的测试，葫芦变色的可能性不大。后来，通过加模具，使葫芦长成人们想要的各种形状，制成多种多样的工艺葫芦，也就是所谓的"匏器"。

"呼鸟"亦为老北京之称呼，是一种用葫芦制成的驯鸟工具。壶内盛满砂石，轻轻摇动的时候，就会发出清脆的声响，以此呼唤受训的鸟雀。

养虫的葫芦

第十节　和平之音的鸽哨

　　葫芦可以做鸽哨，这在中国已有一千多年的历史。鸽哨算不上乐器，因它不是人演奏的，而是绑在鸽子尾部，靠鸽子飞翔时灌入的空气的流动而发出各种不同的乐音。

　　鸽哨中的葫芦起着共鸣箱的作用，原理与乐器是相同的。其制作方法是截取亚腰葫芦的下腹，将细腰切断处的孔开大，用瓢葫芦或毛竹做成的圆片覆在孔上，曰"葫芦口"。葫芦口及葫芦的两侧挖有哨口，用以安装竹管或苇管做的小哨。小哨的多少不等，依葫芦的大小而定。葫芦大者，其哨音尖，小哨的音高是不同的，名家之作与音乐上的音阶相符。当飞鸽翱翔天空时，随着它的翻飞回转，气流灌入哨中，便发出悠扬回荡的乐声。鸽哨分很多种，制法各异。

　　鸽哨，又叫鸽铃、剜哨。制造鸽哨的主要材料有苇、竹、葫芦。葫芦可做哨肚，大葫芦可以用来做哨口，声音雄浑，要胜于竹。选材讲究时机，要挑三伏里成熟的葫芦、冬天数九后的竹子、夏天削去苇尖后在秋天收割的苇子，这样的材料密度大，紧致又有拉力，再放置在通风、干燥的地方自然风干。葫芦鸽哨呈球状，葫芦旁辅以苇管或竹管做的小哨，根据大小，可分为"大葫芦""中葫芦""小葫芦"。也可将葫芦主体分隔成两室，形成截口，发出两种音，取多个小哨环绕在葫芦旁，形成"众星捧月"之势，其中也可分出大、中、小。

鸽哨的制作过程如下：

材料备齐，便可以开始制作了，包括剥皮、切筒、掏芯、做口、打磨、上漆等六个步骤。每个步骤都讲究细致，多一刀或少一刀都能把哨子毁掉。

剥皮。刮去或剥去葫芦、竹子、苇等的外表皮，并将其打磨光滑，这样水分挥发快，不易腐坏且容易上漆。

切筒。用小而薄的锯齿完成。哨底正不正，哨口平不平，直接关系到鸽哨的音正不正。

掏芯。鸽哨讲究轻盈，因此要把竹、苇、葫芦等内部刮干净，磨匀称。太厚的筒不但发音不正、伤害鸽子，而且易受潮、难保存。

做口。哨口一般用竹子、葫芦、檀木、牛角等做成。口的大小、深浅、角度都很关键，不能大也不能小，抹儿滴乳胶，与哨筒紧紧黏合到一起，结合处一点儿不透风才好。

打磨、上漆。根据材质、大小选用粗细不同的砂纸，一遍遍地磨匀称、光滑，然后给哨子刷上不同颜色的漆。鸽哨颜色与五行相对，有古铜色、本色（木的基本色）、黑色、铁红色、土著黄色五种。等晾晒干，哨子便做成了。

用丝线将哨子固定在鸽子尾羽上，鸽子一起盘儿，"嘤嘤嗡嗡"的婉转之音便随风飘起。

"豆汁儿焦圈钟鼓楼，蓝天白云鸽子哨。"回荡在四合院上空的鸽哨声，是原汁原味的"北京之声"。因为鸽子代表和平，也叫"和平之音"。

葫芦鸽哨的背面刻"義"字（徐浩然收藏）

葫芦鸽哨实操图（牛津大学博物馆珍藏）

第十一节　祭祀礼器和社火脸谱

　　社火脸谱是我国最古老的脸谱之一，按材料来分，主要有葫芦社火脸谱、木板社火脸谱、纸浆社火脸谱等。社火脸谱是从古代假面、涂脸发展而来的，因而堪称我国最古老的脸谱之一，它的图案内容多取自《封神榜》等民间故事中最具法力和正义的人物形象，其寓意就是镇物、避邪、驱赶寂寞冷清，是先民们祈福求祥最直接的象征。

　　葫芦脸谱选用的题材以京剧的净、末、丑角为主，主要来源于

葫芦脸谱摆件一

《三国演义》《水浒传》《西游记》《施公案》《隋唐演义》《岳飞传》楚霸王等，有100余种，而且一个个栩栩如生，可以说看了脸谱葫芦，就等于在戏剧艺术殿堂里走了一遭，让人了解了不少戏剧艺术知识，所以脸谱葫芦深受大众喜爱。

在葫芦上绘制社火脸谱，每一道工序都需要扎实的绘画功底，从第一道工序的勾线到填色，要求都非常的严格和精细，配以多层

葫芦脸谱摆件二（刘顺收藏）

墨西哥葫芦脸谱

葫芦一分为二，一侧画着动物脸谱

次的图案、粗犷的造型、浓烈的色彩、奇特的想象，既单纯又细腻，葫芦社火脸谱用自己独特的内涵，无论从寓意还是造型上都呈现出了民间的丰富创造力。

清代中期，压花、刀刻等工艺相继出现，葫芦社火脸谱制作得就更加精美，境界各异，极具观赏价值。

葫芦茶叶罐上的社火脸谱（徐浩然收藏）

葫芦的妙用还有很多，因时因地而不同。

在非洲的一些地方，渔民用葫芦做成渔具上的鱼漂。在海地的某个历史时代，葫芦一度被当作货币在市面上流通，一个葫芦相当于一个法郎的价值。更为有趣的是，秘鲁的农村目前还盛行着一种手推的独轮小车，它的车轮大都是用葫芦做成的。

葫芦除了具有众多的实用价值，它还早已进入了文化领域，成为文化的一个重要组成部分，例如，它在神话、民俗、工艺美术等领域就占有相当重要的位置。由于"葫芦"与"福禄"音同，它又是富贵的象征，代表着长寿吉祥，民间以彩葫芦作配饰，就是基于这种观念。另外，因葫芦藤蔓绵延，结子繁盛，它又被视为祈求子孙兴旺的吉祥物，古代吉祥图案中有不少关于葫芦的题材，如"子孙万代""万代盘长"等。

第五章
葫芦工艺

天然生长的连体葫芦（徐浩然收藏）

关于葫芦的分类，标准不一。按照种植过程工艺的有无，葫芦可以划分为天然葫芦、勒扎葫芦和范制葫芦三大类；而根据工艺葫芦所采用的具体工艺形态，又可以将其细分为以下几大类：范制葫芦、烙画葫芦、押花葫芦、针刻葫芦、刀刻葫芦、堆彩葫芦、大漆葫芦等。随着现代科技的发展，在种植过程中实现了多品种葫芦杂交和人工干预，比如把不同品种的葫芦进行杂交，培育新品种，或者在葫芦生长期间，套袋、套环，人工干预出新花样，使葫芦扭曲变形，长成艺术感非常强的葫芦。通过风干、霉变，也可以长成独特的葫芦。这些人为干预，带动了葫芦工艺的创新和发展，也带动了葫芦产业的整体发展。

除了比较常用的葫芦分类方法，还有其他的分类标准，如人们通常所说的葫芦虫具，就是根据葫芦的实际用途而划分的。

第一节　本长葫芦

所谓本长，是古时京津冀一带对天然葫芦的一种称呼。古人崇尚自然，喜欢那种天生端正均匀、肌理光洁的本长葫芦，纯天然生长，不加任何人工干预。

天然葫芦多为中庸之状，特大或特小的葫芦很少见，也贵。尤其是后者，一向为文人雅士所喜。王世襄先生在《中国葫芦》中写道："予曾见小葫芦与珍珠、珊瑚、象牙须梳同缀成串，佩老人襟际。其天生丽质，视珠牙诸珍实不相让。"笔者曾看到在聊城葫芦节上，一个极小的草里金葫芦报价3万元，有价无市。在古人看来，葫芦嘴小肚大的外形，可以很好地吸收住宅之内的上佳气场，而对于不好的气场，则可以进行抑制、阻遏，从而营造一个适宜的家居环境，是辅佐风水布局、加强感应的绝佳道具。因此，古时候的豪门大族多在家中供养几枚天然葫芦，或三，或五，或七，置于中堂之上，大者居于正中，左右依次变小，被认为趋吉避凶之妙用。《鲁班寸白薄》中有诗曰："墙头梁上画葫芦，九流三教用工夫，凡往人家皆异术，医卜星相往来多。"

此外，在民间传说中，葫芦还是神仙盛装仙丹妙药的法器，能够纳福增祥、祛灾除厄，并且能够吸取空间中的秽煞之气，恢复原本的干净清明。对身体不好、罹患疾病的人，能够缓和症状，让身心都好过一些。

上述说法很明显有神秘主义甚至迷信色彩，但是从自古家居环境的营造习惯和民族文化的传统来看，葫芦无疑从一个侧面表现了中华先民"天人合一"的文化精神与认知框架。

由于葫芦多为单生，本自天成，殊少双结，因此并蒂骈生的葫芦就显得非常珍贵。即使是一大一小的双结葫芦都非常难得，而如果两个葫芦大小相仿，犹如孪生兄弟一般，那么在葫芦爱好者眼里，就更是珍品了，但在今天的农业技术条件下，葫芦系扣、葫芦连体效果在人工干预和嫁接下就容易实现了。

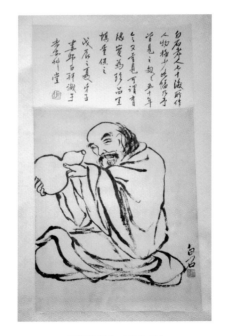

望葫芦老人（齐白石）

第二节　勒扎葫芦

　　勒扎葫芦又叫系绳葫芦，主要是借助外力和辅助工具干预葫芦的生长，促使葫芦长成预期想要的形状。勒扎葫芦大多采用勒扎手法，在扁圆葫芦、亚腰葫芦或长颈葫芦上进行创作。在葫芦幼小的时候，制作者用比较柔韧的绳索编织成网兜，然后将网兜套在葫芦的特定部位上，从而改变其生长的自然形态。这样，当葫芦果实长成之后，就会在表面勒扎出与网兜相同的网状凹痕，凹痕的深浅疏密、花瓣的形状纹饰、线条的大小粗细，全都是由所使用的网兜孔

勒扎葫芦之并蒂钱袋子（杨飚收藏）

目来决定的，整个葫芦看上去像是由很多菱形拼合而成，令人感到很新奇。此外，强力勒扎不仅使表面成纹，而且可以改变葫芦的造型，与曲梅同工。

无论具体的凹痕如何，一般都应当保持匀称、完整，这样方能称之为上品。从这一角度进行审视，看似并无多大分别的勒扎葫芦也就有了精与粗、巧与拙的区别。勒扎葫芦工艺并不是中国的专有工艺，在日本、韩国、美国等地，笔者都看到过勒扎葫芦的文物，毕晓普博物馆就有一个奇特的水葫芦标本，下肚部分通过网状绳紧紧套住，形成了饱满的花瓣状。

勒扎选用的葫芦通常是长葫芦（瓢子），选种时尤其要注意选择形状细长而挺直者，不要用体形粗大、弯曲者做种，因为勒扎只能控制脖颈的粗细，腹部无法控制。如下腹长得过于粗大，则与脖处难成比例，就变成废品了。

另外需要注意的一点是，当葫芦花坐果的时候，一定要及时将花扶正，使花蕊垂直向下，这样长出来的葫芦较周正；否则，即使下腹粗细合适，却歪斜难看，还不成器。

勒扎葫芦，通常做酒葫芦用

勒扎葫芦之茶叶罐

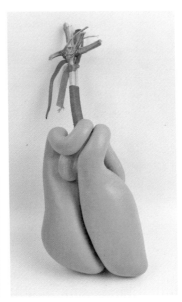

勒扎葫芦之钱袋子一　　　　勒扎葫芦之钱袋子二　　　　勒扎葫芦之钱袋子三

　　勒扎所用的模具较简单，只是一个木制或陶制的套环，粗细适度，高矮不等。高者套出来的葫芦脖长，矮者套出来的葫芦脖短。套环的内侧成凸形，将决定葫芦脖颈的曲线。勒扎一般难控制最终成品的效果，最常见的情况是葫芦勒扎尚好，可惜下腹过于膨大，所以成功率是很低的，但远比范制葫芦厚实、坚固、耐用。

　　毛利人在种植葫芦的时候，早就深谙勒扎之道了。他们用亚麻绳子绕葫芦果实的中部绑上一圈，葫芦就会长成哑铃的形状。

　　使用勒扎之法制作而成的葫芦，造型各异，让人叹为观止。勒扎葫芦除了上文所说的鼻烟壶外，还可以制成揉手、呼鸟以及其他摆件，不仅可以供人在闲暇之时把玩，而且还具有很高的实用价值。

勒扎葫芦　天鹅鹤首葫芦　何阔收藏

第三节　挽结系扣葫芦

据王世襄先生记载，他曾经见过一种采用挽结之法制作的葫芦如意：葫芦的上端盎然反转，范成云头，有"乾隆赏玩"的款识。蒂部微垂，范做如意柄下端，亦有文饰。中部则没有使用范具，只是将葫芦细长的葫身挽成了结。整个葫芦器三停匀称，大小、弧线无不合乎法度，再加上清晰饱满的文饰字样、莹黄的色泽，真是让人叹为观止，难怪王先生如此感慨："良一器之上，有范、有结、有天生，任一生瑕疵，则必然累及全器，故不知经多少年之栽培，多少次之不如意，放得此一完璧，殆真如

生长中的系扣葫芦（徐浩然拍摄）

沈初《西清笔记》中所云'数千百中仅成一二完好者'！"

　　所谓挽结（绾结），就是制作者将正在生长中的长颈葫芦的长颈扭曲下来，打成结，使其扭曲相交，但成型后的葫芦完全没有一丝扭曲的痕迹，从而产生一种奇特的效果，令人叫绝。一般来说，挽结所用的葫芦必须是长柄葫芦，至于如何将葫芦挽结而不扭断，至今众说纷纭，尚无定论。

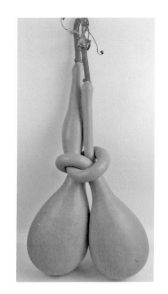

系扣葫芦

第四节 范制葫芦

范制葫芦，又称模子葫芦、范匏，就是将幼小的葫芦纳入刻有阴文的范模中，随着葫芦长大，逐渐填实范模中的空间，待葫芦木质化后取出，范模的阴刻图文便在葫芦上以阳文显示出来。

范制葫芦按用途，大体可以分为实用器和陈设品两大类，从各种生活器皿到文房用具乃至赏玩摆设之物，应有尽有。这些作品精微工巧，反映了当时的工艺美术技术和审美流行风尚，是中华民族文化中的珍贵遗产。

范制葫芦不仅具有实用价值，还有独特的艺术价值。那些经过收藏者长期把玩盘耍的传世器物，更给人以古朴、凝重的美感。范制葫芦的表面可以形成繁复的图案，通过改变葫芦的形态，达到一种奇妙的艺术美感。每年制成的葫芦工艺品数不胜数，有碗、盆、瓶、壶、盒、罐、炉等，覆盖了文房用品和家居陈设用品等。

范制葫芦可以装药、盛烟和养虫，还可以做单纯的观赏摆件。老熟的葫芦色黄如金，时间愈久，其色愈重，再加上几十年乃至上百年的把玩盘抚，包浆最后达到紫润光洁的程度，古色古香，令人赏心悦目。范制葫芦最好选用发苦的品种，原因是这种苦葫芦的外壳更为坚硬，而且防虫蛀的效果更好。

八不正范制葫芦（美国大
都会）

范制葫芦，有莲花头、吉祥纹、
福、禄、寿、喜

《清宫词》中有吴士鉴所写的一首匏器诗："匏卢秋老结深青，
范合方圆各异形；款识精镌题御玩，旒陶而外有新铭。"注明："御
国旷地，遍植匏卢。当结实之初，斫木成范，其形或为瓶、或为
盘、或为盂，镌以文字及各种花纹，纳匏于其中。及成熟时，各随
其范之方圆大小自为一器，奇丽精巧，能夺天工。款识隆起，宛若
砖文。"他把匏器的形态及范制的方法讲得十分清楚，这种培育葫
芦的特殊技艺，曾使外国园艺专家们大为赞叹，因为他们的经验是
任何果实一旦被范模套住，由于不透风，就必然腐烂，不能成长。
近些年，美国、希腊、日本的葫芦艺术家相继种出了不少造型各异
的范制葫芦。

据《西清笔记》记载：匏器"康熙间始为之，瓶、盘、杯、碗
之属，无所不有。阳文花鸟山水题字，俱极清朗，不假人力。"商

承祚的《长沙古物见闻记》中有《楚匏》一文，"二十六年，季襄得匏一，出楚墓，通高约二十八公分，下器高约十公分，四截用葫芦之下半。前有斜曲孔六，吹管径约二公分，亦匏质。口与匏衔接处，以丝麻缠绕而后漆之，六孔当日必有璜管，非出土散佚则腐烂。吹管亦匏质，当纳幼葫芦于竹管中，长成取用"。

很显然，做吹管的葫芦是用竹管范制的。如果这则记载属实的话，那么这说明至少在两千多年前的战国时期，我国劳动人民就已经开始范制匏器了。直到今天，这种范制葫芦工艺一直在京津冀地区沿袭和传承。

养虫玩家习惯将此时宫廷及诸王府的葫芦制品称为"官模"。"官模"多为蝈蝈葫芦，据说取其名与"国"同音，满置宫室，有"万国来朝"之意。官模葫芦的图文题材多样，除龙凤花鸟等图案外，还有山水人物、历史故事、诗文碑刻等，格调高雅。

民间的葫芦虫具以北京、三河、徐水三地的制品最为有名。咸丰时期，北京有个专做蝈蝈葫芦的太监，"人皆呼为'梁葫芦'"，他的制品最精，售价甚巨。

河北省保定市徐水区亦有农户以范制虫具为业，所制俗称"安素模"。《徐水县志》记载："县西曲水村一带产小葫芦，冬季用以护养蝈蝈。春分现，露缴熟，加以人工制造，用木质或骨角雕刻口盖，并用火针画成各种花卉、人物、山水，运销各地。"其工艺较为全面，既有模制，也有火绘、雕刻。晚清时，徐水葫芦的种植集中在城西曲水村，著名艺人有王老上、张老朋、石老齐等人。

范制葫芦的方法是将幼小的葫芦纳入刻有阴纹的范模之中，随着葫芦长大，逐渐填实范模中的空间，待葫芦木质化后取出，范模的阴刻图文便在葫芦上以阳纹呈现出来，然后将范模打开，刮去葫芦的表皮，再对表面进行上光处理，这样就可以制成各种用途的范制葫芦。

范制葫芦有简有繁，根据范制简繁的不同，一般可分为以下三种：

夹范：这是最简易的范制葫芦，仅用两块刻有阴纹（也可无纹）的板将幼葫芦夹起来，成熟后制成扁葫芦。如果夹板无纹，可以通过其他工艺，如烙画、立体押花、针画、刀刻进行二次加工。

素范：范模光素无阴纹，仅追求葫芦整体造型的变化，但对造型的要求非常高。轮廓线条曲直长短的不同，体现了器物艺术性的高下。葫芦上面的装饰纹样可借助立体押花、针画、刀刻等工艺获得。

花范：将范模刻成各种图文的形态，葫芦通过花范培育，便可获得各种人物、花卉、鱼虫、山水图案、龙凤麒麟、戏曲人物、吉祥如意等造型。花范葫芦制成的品种最多，也最为精美，如碗、盆、笔筒、鼻烟壶、摆件及蓄虫具等，可达数十种。

清朝乾隆时期的鼻烟壶

范制葫芦之笔筒

在十年前，恐怕所有的国人都不会想到，就是这样一种民间的"雕虫小技"，有一天居然会登上大雅之堂，在深受人们喜爱之余，还能够成为保值增值的绝佳工具。

范制葫芦文化，是一种特殊的文玩文化。这种工艺是人工和天然的结合，清朝的康熙、雍正、乾隆三个皇帝特别喜欢匏制的器物，其中包括蝈蝈葫芦。种一片葫芦，但是长成的寥寥无几，所以非常难得。无论是在拍卖场，还是在古玩市场中，范制葫芦都在不断地展现自身的美丽。

范制葫芦之佛首

范制葫芦之虫鸣葫芦

第五节　彩绘葫芦

　　彩绘葫芦以彩绘为主要艺术表现手段，是用毛笔蘸水、墨、彩作画于葫芦上。工具和材料有毛笔、墨、国画颜料、宣纸、绢等，题材可分人物、山水、花鸟等，技法可分具象、写意、写实、工笔。彩绘葫芦在内容和艺术创作上，体现了古人对自然、社会及与之相关联的政治、哲学、宗教、道德、文艺等方面的认知。

　　彩绘是葫芦加工的最常用方式，各类资料和原料都可以买到，彩绘葫芦让多数喜爱制作葫芦的人觉得有趣和简单。油画颜料和丙烯颜料在葫芦上都非常好用，但大多数人喜欢使用丙烯颜料，因为油画颜料的干燥时间比较长，而且丙烯颜料可以用水洗掉。绘画前，葫芦需要彻底干透，可以直接在葫芦上面画图案。如果画坏了，可以用软擦、棉签或湿纸巾擦掉颜色重画。完成绘画后，涂一到两层清漆，以防蛀虫。

　　彩绘葫芦辅以烙烫、雕刻和漆艺，使葫芦色彩亮丽而富有层次感。根据手艺人的表现手法不同，风格也不同，很容易创作出独具一格的彩绘葫芦作品，笔者认为彩绘葫芦是中国传统国画艺术的补充。

彩绘葫芦之荷花图葫芦茶叶罐　　　　彩绘葫芦之仕女图葫芦茶叶罐　　　　彩绘葫芦之花开富贵摆件

彩绘葫芦（关惠　画）

第六节　押花葫芦

　　押花葫芦又叫掐花、砑花葫芦，用金属刀片、玛瑙、玉、牙等制成的押花刀具，在葫芦表面押挤出阳文花纹，效果独特。

　　不同于一般的雕刻工艺，雕刻是将葫芦的皮质刻去，而押花却没有刻损皮质，纹理的产生不见丝毫的斧凿痕迹。现在所见实物有少量带"康熙赏玩"款识的，但真正形成流派、名家辈出的，还是在晚清、民国时期。其制作过程一般先要双钩物象草稿，再持刀沿边线按压出呈斜面的凹沟，两侧凹陷，中间纹饰即凸显而出。高手还能在很小的限度内区分高低、深浅、虚实，层次分明。实际上，花纹并未高出表皮，这种欲阳先阴的意境，极为巧妙。

　　先在葫芦上画出花纹图案，以刀刃之一尖靠近花纹的外侧，沿边缘持刀横行，用力按压，力量主要用在靠花纹的一侧，另一侧则基本上不需要用力，刀过后，即出现一条呈斜面的凹沟，靠花纹的一侧较深。花纹的另一侧亦如法炮制，这样花纹就凸现出来。

　　押花的原理虽很简单，但真正做起来并非易事，尤其是比较复杂、精细的花纹图案，需要十分耐心和细心。所谓"凸现"，是与其周围被压下去的凹沟相对而言的，其实花纹并没有增高，这一点与范制葫芦上的凸起花纹是完全不同的。

　　押花葫芦首先是图案的组织，一个完整的押花葫芦无论从哪个角度来看，都是一幅精美的画。其次是雕刻的技法，因为是浅浮雕，既要有层次感、立体感，又不能伤皮，因此，要用玛瑙刀一遍一遍地押、砑、赶、挤、按葫芦表面，使之呈现浮雕花纹，线条要流畅，更要有传统艺术的韵味。葫芦造型要与图案匹配，这样创作出来的作品深得海内外人士的喜爱。

押花葫芦竹蛉筒（刘烁作品《幽居图》）

押花葫芦竹蛉筒（刘烁作品《云龙》）

第七节　镶嵌葫芦

　　镶嵌葫芦是把不同尺寸、形状的葫芦或者葫芦碎片、葫芦部位按照一定的创作思路，镶嵌或者拼接成理想效果的葫芦工艺品。

　　葫芦的加工创作在内容、形式、技术各方面都日趋丰富和完善，由于镶嵌工艺的创造和使用，葫芦艺术突破了原物大小的限制，使较大面积的葫芦创作成为可能，使葫芦器具的制作更加方便、灵活，所以就有了很多镶嵌作品，如葫芦茶海、葫芦茶盘、葫芦茶具、葫芦香具等。

取葫芦平面拼接而成的平安无事牌

葫芦鸡。拼接葫芦玩偶，寓意大吉大利（陈雪松从巴西购买带回，顾群业先生收藏）

拼接工艺葫芦茶壶，手把件

框画葫芦（张雷、刘峰制）

第八节　烙画葫芦

　　烙画葫芦艺术又称为烫画、火笔画。工艺美术师们用烙铁在葫芦上熨出烙痕作画，能永久保存、收藏，艺术价值极高。烙画具有悠久的历史和独特的艺术风格。烙画创作在把握火候、力度的同时，注重"意在笔先、落笔成形"。烙画不仅有中国画的勾、勒、点、染、擦、白描等手法，还可以熨出丰富的层次与色调，具有较强的立体感，酷似棕色素描和石版画，因此烙画既能保持传统绘画的民族风格，又可达到西洋画严谨的写实效果。也可定做属于自己的特有画面或肖像，使其具有独特的艺术魅力，因而给人以古朴典雅、回味无穷的艺术享受。

葡萄牙烙画葫芦挂件（徐浩然收藏）

烙画葫芦酒具　　　烙画葫芦《一团和气》　　　烙画葫芦之生肖狗　　　烙画葫芦之禅意山水

（郑顿提供）

随着手工艺人技能的提高，葫芦烙绘技法也发展出润色、烫刻、细描和烘晕、渲染等。烙画作品一般呈深、浅褐色，古朴典雅，清晰秀丽，其特有的高低不平的肌理变化具有一定的浮雕效果，别具一格。特别是现在葫芦因为杂交，形态千奇百怪，为葫芦烙画提供了丰富多彩的载体，加上艺术家的奇思妙想和独特创作，几乎每一件烙画葫芦作品都堪称独具特色的艺术品。

中国传统烙画经渲染、着色后，可产生更加强烈的艺术感染力。另外，还有套色烙花和填彩烙花为传统烙花艺术锦上添花。所以，可以根据创作主题不同，采用不同的技法，加上色彩辅助，或者略施淡彩，形成清新淡雅的风格；或者重彩填色，形成强烈的装饰效果。

烙画葫芦之招财猫系列

烙画钱袋子葫芦《耄耋图》（王念任收藏）

第九节　漆艺葫芦

　　漆艺葫芦也叫葫芦漆画或漆画葫芦是以天然大漆为主要材料的葫芦绘画，除漆之外，还有金、银、铅、锡以及蛋壳、贝壳、石片、木片等。入漆颜料除银、朱之外，还有石黄、钛白、钛青蓝、钛青绿等。漆画的技法丰富多彩，依据其技法不同，漆画又可分成刻漆、堆漆、雕漆、嵌漆、彩绘、磨漆等。漆画有绘画和工艺的双重性。

18世纪，江户时代的黑漆描金银酒葫芦

19世纪下半叶的葫芦漆盒，采用金、红色高卷绘，珍珠母贝、锡、陶瓷镶嵌

　　从漆到器，从技到艺，大漆艺术经历了深厚沉积的文化滋养，也经历了精湛绝伦的技艺修磨，成为中国乃至东方古典艺术样式的代名词。

　　大漆又名生漆、国漆、天然漆，故泛称中国漆。这是一种天然的树脂涂料，是割开漆树树皮后，从韧皮内流出的一种白色黏性乳液，经加工而制成的涂料。天然大漆是世界公认的"涂料之王"。我国是世界上最早发现和使用大漆的国家，日本也有丰富多彩的漆艺葫芦作品。

　　现代漆艺手艺人将传统漆艺与日常用具相结合，把漆艺文化带入寻常百姓家。近两年，品茗、燃香、插花和文玩收藏在国内盛行，以修复陶瓷、紫砂器皿为主的大漆修复工艺也在葫芦工艺中得到应用。葫芦漆器通常有葫芦大漆茶则、葫芦大漆香炉、葫芦大漆茶杯、葫芦大漆耳坠等。

大漆手把件葫芦　　　　　　　　漆艺葫芦茶器

　　也有一部分葫芦手艺人采用化学推光漆进行葫芦艺术创作，精品也非常多，新花样层出不穷。

葫芦茶则（郑顿提供）

漆艺葫芦摆件《连年有余》

第十节　针刻微雕葫芦

　　由于葫芦同音"福禄"，再加之葫芦里种子比较多，有子孙万代、多子多福的含义，所以兰州人通常把它当作吉祥物，叫做"吉祥葫芦"，有"兰州三样宝，吉祥葫芦、牛肉面、羊皮筏子赛军舰"的说法，其中，吉祥葫芦被列为三宝之首，成了馈赠亲朋、旅游收藏、家庭装饰的主要工艺品，闲时把玩，令人爱不释手。

针刻微雕大亚腰葫芦　　　　针刻微雕大亚腰葫芦　　针刻微雕中号亚腰葫芦
（李卫国作品《九鱼图》）　（李卫国作品《十八罗汉　（赵志刚作品《十八虎》）
　　　　　　　　　　　　　　斗孙悟空》）

针刻微雕东瓜葫芦（马珏如　　　针刻微雕飞碟葫芦（王鹏斌作品《猫戏
作品《五福图》）　　　　　　　　图》）

　　早在清代，甘肃民间便已流传针刻微雕葫芦。在兰州城郊黄河之畔的雁滩，农户在房前屋后种植葫芦，任其自生，秋老下架，供孩童玩耍。好事者，取色明、型佳、果坚、老熟的个体，刮皮阴干，打磨光洁，随意信手针画，刻画简单图案，做农余消遣。

　　所谓针刻微雕葫芦就是以针尖在葫芦上刻画各种图案，主要流行于甘肃兰州等地，较多的是以环形图案作为顶部和底部的纹饰，腹部以直线进行均等分割，以构成若干画面空间，其间或刻画、或刻书，也有针刻书画并茂的。

　　针刻微雕葫芦所用的葫芦主要有两种：亚腰葫芦和兰州特有的"鸡蛋葫芦"。亚腰葫芦就是我们最常见的葫芦之一，体形中等偏大，小型的较少，给人朴拙、悠闲之感。"鸡蛋葫芦"则是兰州的特有品种，因形似鸡蛋而得名。这种葫芦一般形体较小，非常精致，适于微雕。

　　针画所用葫芦的色泽是近于古董画纸张的颜色，用针一样的纤细刻刀雕刻出传统题材的神话传说、菩萨相、诗词歌赋、花、鸟、鱼、虫等，再用松墨涂抹刻痕着色，完成后的葫芦底色素净、图案生动、意趣古雅，闲时把玩，令人爱不释手。

　　小小的葫芦题款，印章齐全，再现中国古韵。葫芦的天、地都用民间传统图案装饰，画面丰富多彩，风格古雅奇拙。精湛的工艺使针画葫芦声誉日上，首先得到文人雅士的喜欢，接着流入上层社会，旧时古董商贾也开始经营此业。针画葫芦身价日高，行销各地，在京津等地被誉为"妙艺"。

　　20世纪30年代，兰州有名家李文斋，能书善画，常以历史人物故事为题材针画葫芦。文字细小如粟，极为工整，名动一时。

针刻微雕大亚腰葫芦（李卫国作品《维摩演教图》）

　　其后，20世纪40年代又有两位针画葫芦艺人，马耀良（回族）和阮光宇声名鹊起，他们均有深厚扎实的书画功底，人物、山水、花鸟、鱼兽无一不能，在继承传统的针画技艺的基础上，亦有所创新，形式上有四圈子、扇面子等格局，使兰州针画葫芦工艺进一步完善。新中国成立以后，又涌现出很多杰出的针画葫芦手艺人，能够在不同的葫芦造型上飞针走刀，刻画出许多优秀的作品。更有年轻一代勇于创新，将针画工艺与其他工艺相结合，比如针画与掐花合二为一。目前，我国甘肃省临夏、河北、河南、江苏等地涌现出一批优秀的针刻微雕手艺人，其中优秀代表有李卫国、马世贤、赵志刚、王春雷、金学阳、唐子龙、费卫强、王鹏斌、马珏如等。

第十一节　雕刻葫芦

葫芦雕刻，顾名思义，是在葫芦上刻字雕画，使其成为供人欣赏的葫芦艺术品。葫芦雕刻是一种立体艺术，经过艺人的不断摸索、研究，使工艺水平不断提高，逐渐形成了专门的雕刻葫芦艺术。这些年又有很多优秀的手艺人创新了雕刻技法，出现了各种镂空、浮雕等技术。有的雕刻师傅还创作出仿水墨、写意的名家山水画作品，并摹仿吴昌硕、任伯年、徐悲鸿、齐白石的画韵，创造出

雕刻葫芦《钟馗》　　　　小三亭葫芦雕刻　　　　雕刻葫芦《招财进宝》

风采独具的彩刻葫芦。

在葫芦雕刻艺术创作中，最有意义的探索是运用各种刀法，恰到好处地体现出手艺人的创作思想。刀法好比书法、绘画中的笔触，它能起到加强、丰富作品艺术效果的作用。

葫芦雕刻的主要雕法和木刻石雕有异曲同工之妙，比如有阳雕、阴雕、透雕、双勾勒等等，主要刀法有直刀、平推刀、外侧刀、内侧刀、顺行刀、逆行刀、挑刀、垛刀、切刀等。这些雕法和刀法基本是从竹雕、木刻等工艺中借鉴而来的，施刀要做到稳心静气和准确度高、用力恰当、行刀缓稳和刀法娴熟。只有这样，才能雕出精美的葫芦工艺品。

时常有人在临摹一张好画时，感到最难的莫过于笔触，因为笔触是作者的心灵与技巧相结合的产物，是任何模仿都难以体现的东西。所以，只有掌握技巧并不断地积累经验，才能拥有真正属于自己的刀法。木纹与雕痕、光滑与粗糙、凹面与凸面、圆刀排列、平刀切削……它们所表现出来的艺术语言，其魅力是其他材质的雕塑

鸡蛋葫芦雕刻《和和美美》

所没有的。总之，刀法就是雕刻家用来体现自己创作构思的技术手法，也是形象地揭示艺术内容的手段。运刀的转折、顿挫、凹凸、起伏，都是为了使作品更加生动自然，以充分体现雕刻的材质美，体现丰富的雕琢美。微雕施工面积极小，没有相当高的书法功底和熟练运用微雕工具的技能，是难以完成的，并且刻作时，要屏息静气，神思集中。

雕刻葫芦《忠义千秋》王志忠收藏　　雕刻葫芦
《寒山拾得》

伊斯兰葫芦雕刻   南美洲的瓢葫芦雕刻艺术品

葫芦雕刻艺术品（徐浩然收藏）　　欧洲葫芦雕刻　　　　冬瓜葫芦雕刻

第十二节 堆彩葫芦

堆彩技艺是一种历史悠久的中华工艺美术，结合浮雕，借鉴古法陶瓷技艺，充分发挥手艺人的想象力和创作灵感，推陈出新。近两年，堆彩浮雕葫芦的款式越来越多，深受收藏爱好者的喜爱和追捧。

堆彩浮雕葫芦是现代三维立体技术与汉代堆彩技艺在葫芦上的完美结合。堆彩技艺起源于两千多年前的汉代，由三代民间艺人的技艺传承、八道手工工序精心研磨而成。因制作方法保密，只有少数艺人会做，故而有很高的收藏价值。堆彩浮雕工艺葫芦曾多次作为国礼，被赠送给外国政要、驻华大使及外交官，是著名的外交文化礼品。

堆彩浮雕葫芦近些年经过几次质变发展，不停地升级换代，底纹从纯漆发展到渐变色底纹，最后升级到冰裂效果，图案也做了很多创新和调整，从梅花、牡丹、寿桃等图案发展到金玉满堂、凤凰图、耄耋、二龙戏珠等。唯有创新和坚守，才能推陈出新，源源不断地创作出优质作品，满足葫芦市场。

堆彩浮雕工艺葫芦《金玉满堂》

堆彩浮雕工艺葫芦《多子多福》

堆彩浮雕葫芦《平安富贵》

裂纹堆彩浮雕工艺葫芦《九鱼图》

第十三节　掐丝葫芦

　　掐丝，是景泰蓝制作中最关键的装饰工序，也是古代金工传统工艺之一。将金银或其他金属细丝，按照墨样花纹的屈曲转折，掐成图案，粘焊在器物上，谓之掐丝。此项工艺不仅在宝石、金银饰

掐丝葫芦《连年有余》　　　掐丝葫芦《花开富贵》　　　掐丝葫芦《松鹤延年》
（种媛收藏）

上运用，在葫芦上也有运用。葫芦手艺人一直在集掐丝珐琅（景泰蓝）和葫芦工艺之大成，把掐丝珐琅之厚重精细与葫芦的天然质地融为一体，把色彩不同的珐琅釉料镶嵌在图案中，使掐制铜丝的工艺和绚丽多彩的釉料得以在大小、形状各异，古老吉祥的葫芦上呈现。

　　常见的掐丝珐琅是在金、铜胎上以金丝或铜丝掐出图案，填上各种颜色的珐琅之后经焙烧、研磨、镀金等多道工序制作而成，其过程是极其复杂的。葫芦表面有一定的弧度，而且有些葫芦形状不规则或太小，掐丝的过程都会比景泰蓝更困难；而铜丝又有一定的硬度，在有弧度的葫芦上制作极易变形，所以掐丝是重点，丝掐得好不好，直接影响到画的整体效果。

掐丝葫芦《年年有余》　　掐丝葫芦《金玉满堂》　　掐丝葫芦挂件，适合做车挂、包挂、风水挂件

　　通常选好葫芦器形后，用镊子将事先做好的柔软、薄、细，并具有韧性的紫铜丝按照设计好的图案，用手掐（掰、弯）折、翻卷成花纹，制成各种纹样，蘸上糨糊粘在葫芦胎上，后经烧焊、点蓝和镀金等工序才完成。掐丝工艺，技艺巧妙，全凭手艺人的一双巧手和纯熟的技艺，掐饰出妙趣横生、神韵生动的画面，绝非易事。

掐丝葫芦《福禄齐来》

第十四节　拼接葫芦

拼接葫芦，顾名思义就是取葫芦的一部分或者将几个葫芦拼接在一起，改造成新的艺术造型，再进行二次加工创作，比如镶嵌、镂空、粘黏等技术手段，使葫芦造型优美奇异。拼接后的葫芦具有实用性和美观性，同时也是废物利用最大化，解决了葫芦创作中的材料浪费问题。

葫芦是可再生资源，通过拼接、镶嵌等，往往可以设计出很多优秀的葫芦作品，使葫芦作品的价值升值，从而有收藏价值。

葫芦玩偶

 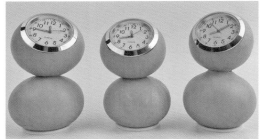

欧洲艺术家设计的葫芦　　　　葫芦表，也叫福禄表，蕴含时来运转之意
摆件（崔李娜收藏）

目前，葫芦行业里可以看到的拼接葫芦五花八门，国内手艺人侧重于实用性，欧美葫芦艺术家则突出拼接后的设计感和艺术感，是截然不同的两种文化风格。以中国为代表的拼接葫芦主要是葫芦玩偶、葫芦茶具、文房四宝等，欧美的拼接葫芦则突出精神崇拜、灵魂知性美等。

拼接葫芦的好处是操作简单，加工方式灵活，表现方式不受限，可以广泛地应用不同的工艺美术技术。

拼接葫芦不仅解决了葫芦原材料的浪费问题，也提升了葫芦的艺术价值和经济价值。在广大农村，很多废弃的葫芦成了柴火，随着一缕缕白烟飘向远方。经过能工巧匠们的设计后，一个葫芦碎片能设计出耳环、冰箱贴、挂件等，其经济价值已经远远超出了素葫芦。这也是葫芦作为工艺美术品的奥妙之处。

葫芦乐器之拇指琴

葫芦首饰之化妆镜

彩绘葫芦储物罐（张念秋收藏）

第六章

葫芦的把玩与保养

葫芦虽然不及金银首饰那样华丽名贵，但凭借其朴素天然的质地、清新素雅的色泽，以及高洁雅致的把玩价值，博得了无数人的喜爱。一个形状匀称或者工艺精湛的葫芦，总是让人爱不释手。

第一节　葫芦的挑选

通常选葫芦，应当从其实用性、审美性、工艺水平和用途等角度来考虑。

所谓实用性，首先就是要根据自己的具体需要来进行选择。如果您想在自己的新家或者办公室摆放葫芦，就要选择工艺性强、寓意好的葫芦，这样才能为居家、办公环境增光添彩；如果为饲养的鸣虫选择葫芦，那么就应当根据鸣虫所属的具体种类，选择合适的葫芦，这样才能利于鸣虫的生长和发音；如果是馈赠亲朋好友，就要根据对方的年龄、喜好、性格、职务等信息进行选择，切不可乱送。

不管如何，选择的葫芦应具备结实、耐用的特点。

一般来说，葫芦愈厚愈结实，所以挑选时，要注意观察葫芦的厚薄。葫芦熟得愈透，一般就会愈结实，而那些尚未熟透的葫芦晒干后也许会比较厚，但并不坚固，容易抽裂和霉变。

当年采摘的葫芦，颜色愈黄则熟得愈透，色淡甚至发白者就没熟透。可以用手指敲一敲葫芦，若声音清脆，似有金属之声，便是熟透结实的葫芦；若发音沉闷，甚至有"扑扑"声，便不结实，这样的葫芦是发糠了，极容易抽裂和招虫。若葫芦表皮细密，光洁度高，以指甲掐之，坚实无痕，就是成熟的葫芦；表皮结构松散，暗淡无光，一掐即有凹陷，且分量较轻，也即俗话说的较"糠"，便为劣品。这样的葫芦内壁有瘴气，切忌吸入肺中，否则容易导致过敏、哮喘。

从审美角度挑选葫芦，不外乎形与色两个方面。形即葫芦的造型，要求周正匀称，给人以美的感觉。各个部位都要端正无偏斜，如从上部看，口很圆；从底部看，腹部的外形也要呈圆形；从侧面看，葫芦两侧的曲线要对称；脖要正，底部浑圆或平整，花脐要处于底部正中央。匀称主要指葫芦的口、脖、腹三者的粗细要协调，比例要合适。这样的葫芦堪称绝佳素葫芦，即使不做后期加工处理，单凭素葫芦也能价值不菲。葫芦的皮色极为重要，葫芦之所以被人喜爱，在很大程度上是因为葫芦具有独特的色泽，给人以质朴无华的审美感受。熟透的葫芦本色是黄色，时间过得愈久，它的皮色也愈来愈深，渐渐由黄变红、由红变紫。在中国传统文化里，紫色是尊贵的颜色，如北京故宫又称为"紫禁城"，亦有"紫气东来"的说法。真正呈现紫润状态的葫芦，是玩家经过几十年乃至上百年把玩摩挲的结果，所以愈是皮色紫润的葫芦，愈能给人以古色古香的感觉，也证明它的历史愈久，价值也就愈高。

收藏葫芦求增值，主要选范制、彩绘、押花等用特种工艺制作的葫芦，不仅要看个人的兴趣和葫芦制作技艺，还要考虑手艺人的名气和技艺，没有什么统一的标准。只要制作精细、葫芦完整，可按照实用和美观的原则各取所爱，确实有很多名家精品葫芦可以长期收藏和保存。葫芦越来越成为文玩收藏圈的拍卖新贵。

如何挑选当年的新葫芦呢？一般来说，要注意以下几个方面：

第一，挑选的葫芦要干透，型好。

第二，上手后要有坠手的感觉，因为越重的葫芦密度越高，生长期越长。

第三，上手搓一下，葫芦应当有圆润、光滑的手感。

第四，里子要"糠"，有厚度，跟海绵似的有弹性，也就是老北京人常说的"瓷皮糠里"。在手中摇晃，可以听到种子发出"沙沙"的响声。

第五，葫芦的皮色应当干净，没有一点瑕疵，看上去要像水一样干净，用老北京人的行话说就是"一汪水"。

第六，皮色沙白的葫芦千万不能要，因为肯定用药水浸泡过。

第七，还有一点尤其需要注意，就是拿起葫芦，用鼻子闻一下里子和外皮的味道，一般来说，没有动过手脚的葫芦应该发出浓郁自然的清香。如果葫芦散发着刺鼻或者霉变的味道，这表明葫芦已经做了手脚或者内壁发霉，坚决不要。在锯葫芦的时候，最好戴上防毒面罩，因为有一些外皮干净的葫芦，可能没有晒干，导致内部发生腐烂和霉变，这种瘴气吸入肺部，容易引发哮喘、咳嗽。

第二节　葫芦的保养

葫芦比较娇贵，要注意保养。只要保养得当，不但经久耐用，而且会进一步增加其审美价值和收藏价值。

首先，成熟后采摘的葫芦要进行打皮晒干，否则极易出现发霉、阴皮等问题。

其次，葫芦的质地比较松软，但干后变得很脆，尤其是使用多年的老葫芦，纤维老化，极易破碎，因此，在使用、存放时，都要格外小心。

使用葫芦时，要轻拿轻放，不要与硬物、利器相碰，否则很容易留下疤痕。存放时，不可置于高处或平滑的地方。葫芦精品一般还要为其特制小匣，内设海绵锦缎，将葫芦安放其中。平时要将葫芦放在干燥通风之处，夏天多雨季节应经常拿出来晾晒。当发现葫芦受潮而发霉时，要迅速放在太阳底下暴晒，擦去葫芦上的霉斑，用专业葫芦把玩油膏涂抹浸润，再置于干燥处。

葫芦易受虫蛀，如果是葫芦虫具，就要在养虫过后，将葫芦内部清理干净。如果是新葫芦，可以将葫芦放在沸水中煮一段时间，这样能够很好地预防虫蛀，但煮过的葫芦，其里面的种子就失去了生命力，不能再播种。经过艺术加工的葫芦可以在表面喷一层清漆，防止虫蛀。

此外，对于长时间不用的葫芦，要注意防虫。如果发现葫芦脏了，可以将白酒或医用酒精适量地洒在白毛巾上，去擦拭脏了的地方，然后晾干即可。

第三节 葫芦的把玩

　　除了某些特殊的工艺葫芦外，葫芦无论是在使用还是收藏期间，都可以随时盘摸把玩，或以细布擦拭除尘。我国民间的说法是手上愈有汗愈好，这样可使汗水浸入葫芦表皮，使葫芦的色泽变得更重。

　　以布擦拭主要是针对当年的新葫芦而言的，因为这个时候，葫芦的皮质还没有完全干透，表皮还有污渍进入的空间。一旦污渍进入葫芦的真皮层，再想清污就难上加难了！因此在擦拭前，可先在葫芦上面涂一层薄薄的专业油膏，浸润一会儿，然后用力擦拭，不要让葫芦上的油过夜。

葫芦手把件，2 年老，日均10分钟把玩

　　这里有两个方面需要注意，一是要保证擦到葫芦上的油是干净的，还有擦到葫芦上的油应当及时清理掉，最好不要过夜。用来擦拭葫芦的布不能太粗，以毛织物为最好。

经过日积月累，葫芦的色泽就会变得光润可爱，其审美价值和经济价值也会与日俱增。因此，我们常说葫芦具有保值、增值的作用，可以长期持有和拍卖。

老熟的葫芦色黄如玉，时间愈久，其色愈重；再加上收藏者几十年乃至上百年的把玩、摩挲，其色由黄变红，由红变紫，最后紫润光洁，色如蒸栗，古色古香。

现在，市面上有很多葫芦经过特殊科技处理，在颜色纹理上进行了后期加工，满足了市场需求，具体做旧方法不再赘述。

第七章

葫芦文化创新

第一节　葫芦新工艺应用创新

漆艺葫芦（郑顿创作）

　　中国传统文化源远流长，各民族、各地区都有不同的工艺美术瑰宝，把不同的工艺美术和葫芦文化结合在一起，就能创作出新的葫芦工艺品，比如近些年流行的堆彩浮雕葫芦、掐丝珐琅彩葫芦、押花葫芦挂件、葫芦茶宠小摆件等。随着社会经济的发展和大众审美的变化，市场上出现了五花八门的葫芦工艺品。

　　过去，葫芦雕刻通常用刀或者针在葫芦上雕刻，着色一般用黑色，色彩不够鲜亮。近些年，葫芦雕刻工艺发展非常迅速，出现了很多葫芦雕刻工具，刀具齐全。随着电气化工具的发展，还有手艺人直接用电动雕刻机、数控机床等加工葫芦，提高了葫芦工艺品生产的速度和效率，从而降低了生产成本，为葫芦走向市场提供了技术支持。另外，在葫芦着色方面也发生了与时俱进的改变，特别是彩色颜料的多样化、国内外艺术同行的交流等，让葫芦工艺品在色彩方面发生了天翻地覆的变化。时代的车轮终将是向前的，葫芦的工艺设计和色彩等都与时俱进了。现代一些葫芦手艺人本身就是科班出身，在葫芦设计和加工上本身就有一定的美术功底，因此设计出来的葫芦图案和技术加工都要优于一般的乡村手艺人。

随着材料学的发展，葫芦表面的材料也发生了变化，比如过去在葫芦表面镶嵌的都是金银、贝壳等物，价格相对较高；现在，葫芦表面都采用冷瓷、软陶、石英粉、流沙等材料，价格便宜，操作更加方便。过去，宫廷造办处曾经需要很多的葫芦艺人为帝王种植葫芦、范制葫芦等；现在，葫芦艺人迅速增多，工艺花样繁多，却要走市场化道路，接受市场检验。葫芦手艺人从过去的"吃皇粮"

漆艺葫芦手把件　　　　　　奥运冠军邢傲伟设计的酒葫芦

发展到成为今天的"市场自由人"。

过去，葫芦的范模通常是石膏、瓦楞等；现在可以使用3D打印、数控雕刻塑模、塑料管、亚克力材料、不锈钢等，经过注塑、吹塑、挤出、压铸或锻压成型、冶炼、冲压等方法，得到所需产品的各种模子。模具技术的进步也提高了范制葫芦的生产效率和成品率，同时增加了范制葫芦的花样性。更有简单的方法是把幼小葫芦直接放在一个布袋里，锁住口，任凭葫芦在口袋内生长，最后索性长成一种钱袋子形状的葫芦。这种随形葫芦非常受市场欢迎，可在葫芦表面随形烙画、压花等，成品率高，寓意好。因此，一个葫芦经过不同工艺的混合制作，都会变成独一无二的葫芦艺术作品。

近些年，市场上出现了很多用葫芦混合工艺制作的作品，比如掐丝和烙画工艺的结合、压花和针刻工艺组合等，都形成了新的葫芦工艺门类。

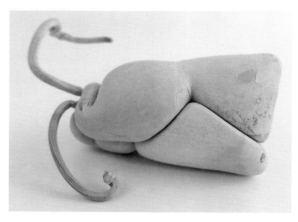

钱袋子葫芦。两个葫芦抱在一起，形成新的葫芦，寓意合体幸福，常用于婚恋市场

　　过去，大漆葫芦需要经过几十道工序重复创作，耗时长，价格高，曲高和寡，很难走入平常百姓家。随着现代化科技的发展，化学漆推光漆出现了，加快了漆艺葫芦的干燥速度，降低了创作成本，创新了葫芦表面的处理方式，让葫芦工艺的守正和创新得到了进步。

漆艺描金葫芦挂件（徐浩然收藏）

日本大阪的漆艺工艺品酒葫芦

第二节　葫芦文创产品创新

　　现在，葫芦的用途和功能发生了本质变化，有些功能已经退出了历史舞台，有些使用方法发生了传承和改变。比如，葫芦漏斗在过去主要用于漏粉条和香油，这些老式工具在很多山区依然使用频繁，葫芦作为漏斗的功能在茶具方面得到了广泛应用和创新。在全国很多茶城，都有很多葫芦做的茶刀、葫芦茶漏、葫芦茶叶桶、葫芦茶叶罐等在使用和销售。把一个葫芦分成两半就是瓢，现代手艺人还根据葫芦造型，直接组成了葫芦茶海四件套等。

葫芦茶海四件套

范制葫芦茶叶罐，过去养虫，现在装茶叶　　　　葫芦挂表，采用雕刻彩绘工艺
（葫芦工坊小元制）

过去，葫芦香具主要是以范制葫芦居多，现在，葫芦香具也发生了样式多样化等创新。葫芦在过去用来装酒、装药较多，现在，酒葫芦、药葫芦更多的是一种家居风水陈设物，已经不再用于存酒、装药，这些葫芦文化传统都随着社会进步和生产力提高等因素发生了变化。过去的酒葫芦、药葫芦都是以普通的素葫芦居多，随着岁月的流逝，葫芦表面的色泽发生了质变，形成美丽的颜色。由于现在技术的推陈出新，可以直接做旧、喷漆、使用物理方法等，让葫芦表面快速变色，加上巧妙的工艺设计和加工创作，新的酒葫芦、药葫芦就产生了，让人爱不释手，同时增加了收藏价值。过去，葫芦的价值主要体现在生活家居和传统手工业生产上，到了今天，葫芦的文化、功能及应用场景都发生了巨大改变。葫芦作为香器，在故宫文物中可以看到很多实物，葫芦作为香囊、鼻烟壶、香炉的使用案例也较多。

约鲁巴葫芦碗装饰艺术

范制葫芦鼻烟壶　　　范制套模葫芦储物罐，用于装茶、干果、牙签等
（敬克建收藏）

第三节　葫芦休闲食品市场前景广阔

　　葫芦是我国具有七千多年栽培历史的草质藤本植物，在人类数千年的发展过程中，葫芦逐步由"自然瓜果"转化为"人文瓜果"，形成了源远流长的葫芦文化，成了中华民族文化的重要组成部分。

　　李时珍的《本草纲目》记录了葫芦主治痈疽恶疮的功效，现代医学也证明葫芦具有抗癌、消肿、健胃、美容、减肥和治疗现代

我国传统葫芦条的晾晒制作（潍坊吴玉明供图）

"三高"（高血压、高血脂、高胆固醇）等多种作用，很多苦味植物中的抗肿瘤因子"苦味素"已被国际卫生机构命名为"葫芦素"。葫芦工坊在发展葫芦产业的基础上，不断开拓进取，研发出葫芦萃取物为原料的保健食品。

葫芦食品产业的创新与发展，赋予了葫芦系列食品巨大的经济潜力和广阔的产业前景。葫芦工坊在食品研发方面一直投入重金，和日韩等国的先进膳食企业进行了技术交流和研发。目前吃葫芦比较多的国家主要有日本、美国、韩国、泰国等国家，如葫芦面条、葫芦脆片等。欧洲国家，比如瑞典和西班牙用葫芦萃取物做的保健食品也比较多。

葫芦工坊正在研发中的葫芦茶叶、葫芦叶抗衰老饮料、葫芦粉、葫芦瓜子近期也将面世。

泰国考艾国家公园的葫芦艺术长廊（孙绍华拍摄）

第四节 变废为宝，葫芦香研发成功

　　在香道用品中，笔者发现了很多葫芦造型的香具，也有用葫芦为主材料制作而成的葫芦香，也叫"瓢香"，广泛应用于生活中。

　　葫芦工坊的工匠们根据《香乘》中"瓢香"的记载古方制作出葫芦香，并注册了商标"福禄"。《香乘》全书共二十八卷，由李维桢作序。《香乘》赏鉴诸法，旁征博引，累累记载，凡有关香药的名品以及各种香疗方法一应俱全，可谓集明代以前中国香文化之大成，为后世索据香事提供了极好的参照。葫芦工坊通过老手艺人历经1年的不停调试、测验，终于还原了"瓢香"的制造工艺，并不断改良。现在制作的第一款瓢香主要以葫芦和玫瑰为原材料，具有改善家庭风水、净化空气的妙用。"瓢香"的研制成功，把很多废弃的葫芦皮进行了综合利用，经过植物粉剂的不同组合，变废为宝。

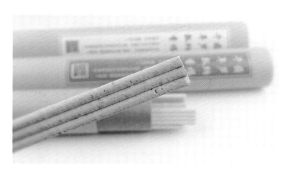

葫芦工坊研发的葫芦香（瓢香）（韩道成制）

第五节　中韩合作研发葫芦化妆品

　　从2016年开始，葫芦工坊和韩国青阳郡葫芦农场建立了合作关系，并且交流密切。双方在葫芦艺术展览、葫芦种植、葫芦作品销售方面进行了深度持续合作。韩国的化妆品技术在亚洲首屈一指，一直走在化妆品技术研发的前沿。借助韩国化妆品研发和生产的优势，葫芦工坊和韩国本土化妆品企业组建联合实验室，研发出葫芦化妆品系列，有葫芦面膜、葫芦精华、葫芦水乳霜等产品，并开始进行在中国的进出口备案工作等。这些化妆品生产出来后，都在韩国清阳葫芦农场销售，成为葫芦节庆的重要组成部分，游客

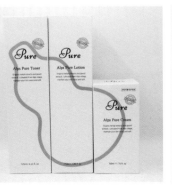  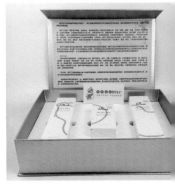

葫芦化妆品

利用葫芦叶子、秧子开发的葫芦手工皂

可以现场体验葫芦化妆品的 DIY 制作，也可以通过现代仪器进行皮肤分析，定制个性化葫芦化妆品。经过多年发展，葫芦化妆品也进行了升级改造，韩国政府对此专门拨款，建造了葫芦化妆品研究大楼。

伴随着中韩葫芦文化的深入合作，未来会有更多的葫芦化妆品、葫芦药妆产品研发上市，也期待着有更多的中华葫芦元素在世界上其他国家进行传播。

第六节　文化输出，葫芦工坊在韩建设葫芦博物馆

　　中华文明是世界上迄今为止唯一没有间断的文明。独特的文化传统、独特的历史命运、独特的基本国情，注定了我们必须要走适合自己特点的发展道路。中华五千年的文化底蕴是老祖宗留给我们的精神食粮，在新的时代，我们既要依托于历史，传承中华传统文化，又要紧跟时代潮流，创造出新的属于自己的文化内核。

中韩共建葫芦艺术长廊

　　2017年7月，由葫芦工坊在韩国筹建的葫芦博物馆正式开门迎客，韩国政要及中国在韩外交官、企业家等200多人参加开幕式。葫芦展品的产地包括中国、日本、泰国、葡萄牙、西班牙、秘鲁、美国、英国、法国、肯尼亚、埃塞俄比亚等近50个国家，其中中国葫芦作品有彩绘葫芦、工笔画葫芦、堆彩浮雕葫芦、烙画葫芦、雕

徐浩然（前排左二）向韩国游客介绍中国葫芦艺术

徐浩然（右一）向韩国游客介绍中国葫芦艺术

刻葫芦等20多种工艺、上百件作品，展馆还陈设了近千张葫芦艺术照片。

国际文化交流越来越频繁，大国之间的文化输入与输出也日渐增多。文化输出也是衡量一个国家综合实力的重要标准，因此，打造强有力的既具时代精神，又富有传统底蕴的文化内核是新时期的新任务。葫芦工坊多次参加海外展览，并与葡萄牙、西班牙、日本、韩国等国的葫芦艺术家进行了紧密合作，期待在未来会有更多的葫芦艺术交流活动。

徐浩然在韩国民俗村调研葫芦文化

第八章

葫芦作品赏析

第一节 生肖形象类

葫芦烙画《马到成功》　　葫芦烙画《飞龙在天》　　葫芦烙画《封侯图》

葫芦烙画 《招财猫》

葫芦烙画《万事大吉》
（徐建良收藏）

葫芦烙画《小鸡出壳吉祥图》（张雷烙画）

葫芦烙画《吉祥》　　　　　葫芦烙画《吉祥如意》

第二节　吉祥事物

堆彩浮雕葫芦《福禄长春》（李丽收藏）

葫芦鼓《平安福禄》（小元制）

苹果葫芦烙画《百子图》（赵建国烙画）

葫芦烙画《熊猫嬉戏图》　　葫芦雕刻　　　　葫芦烙画《吉象·福象》
　　　　　　　　　　　《金蝉招财进宝》

葫芦烙画《喜上眉梢》　　瓢葫芦雕刻《黄财神》　　葫芦烙画《鱼跃龙门》

葫芦烙画《钱财福》

葫芦烙画《唐卡系列》   葫芦烙画《吉祥》

第三节　人物形象

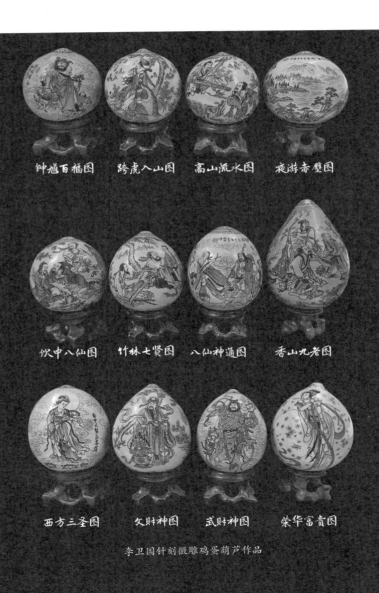

钟馗百福图　　跨虎入山图　　高山流水图　　夜游赤壁图

饮中八仙图　　竹林七贤图　　八仙神通图　　香山九老图

西方三圣图　　文财神图　　武财神图　　荣华富贵图

李卫国针刻微雕鸡蛋葫芦作品

烙画葫芦《钟馗》　　　　　　　　人物烙画葫芦

针刻微雕葫芦戒指

人物肖像版葫芦茶叶罐、酒葫芦，多用于馈赠亲朋好友

葫芦雕刻作品（徐浩然收藏）

葡萄牙葫芦彩绘作品（徐浩然收藏）

系扣葫芦雕刻《钟馗》

第四节 花鸟形象

彩绘葫芦《猫头鹰》

彩绘葫芦之荷花图葫芦茶叶罐

堆彩浮雕葫芦《凤凰图》　　　　　　　堆彩浮雕葫芦《花开富贵》

葡萄牙堆彩葫芦《花开富贵》

第五节　山水意境

针刻微雕胖墩葫芦（费卫强作
品《江山如画图》）

胖墩葫芦（唐子龙作品《夏
山图》）

第六节　祥瑞摆件

　　大中号亚腰葫芦（李卫国作品《九龙图》）　　　　绾结葫芦（王春雷作品《四大菩萨》）

中号亚腰葫芦（金学阳作品 《金刚经》）

飞碟葫芦（王鹏斌作品《十八开光猫戏图》）

三胞胎葫芦《福禄寿》（唐府收藏）

堆彩浮雕葫芦《葡萄图》

第七节　生活实用器物

范制葫芦花瓶（李卫国作品《八仙神通图》）

葫芦茶叶罐（李卫
国作品《紫气东来》）

葫芦挂件《葫芦万代》，适合挂在门楣、窗户上

葫芦艺术灯

达摩系列葫芦茶叶桶　　　　　　　　扁形葫芦烙画茶叶桶

葫芦茶漏　　　　　　　　　　　葫芦小夜灯挂件

勒扎葫芦，八瓣花葫芦果盘　　　　　　婚庆葫芦框画挂件

第八节 国外葫芦作品赏析

夏威夷雕刻葫芦作品

漆艺葫芦

美国葫芦，用皮带做的塞子，可以装东西

美国葫芦挂件

日本酒葫芦

葫芦玩偶（葡萄牙）

葫芦房子（葡萄牙）

雕刻葫芦作品（葡萄牙）

非洲葫芦容器，外表雕刻非洲象图案

葫芦玩具

葡萄牙葫芦玩偶（崔李娜收藏）

非洲葫芦容器，用
于装水、装酒、装牛奶

非洲葫芦容器

葡萄牙葫芦摆件，葫芦
上有开口，可以装东西

葡萄牙葫芦《开口笑》

葡萄牙葫芦摆件

非洲葫芦摆件之一

非洲葫芦摆件之二

南美洲葫芦玩具

非洲葫芦雕刻作品，作为生活容器

印第安人的葫芦容器

美国回流葫芦乐器，内有沙子，在手里摇晃，可以发出沙沙的响声

葡萄牙葫芦玩偶

葡萄牙葫芦摆件《硕果累累》

葡萄牙葫芦摆件

非洲葫芦玩具《长颈鹿》

非洲葫芦玩具

第九节 葫芦的应用图鉴

一个葫芦桶能做什么呢？

可以做葫芦钢笔、葫芦打火机、葫芦牙签筒、葫芦香桶、葫芦茶叶桶、葫芦毛笔、葫芦香插、葫芦圆珠笔等等很多文创产品。

当代，葫芦的应用场景发生了很多改变，比如，过去的葫芦歌哨、葫芦社火等越来越少见，但葫芦在香道、茶道等领域应用得越来越广泛。葫芦在日常生活、文房等领域都有着不一样的应用场景。

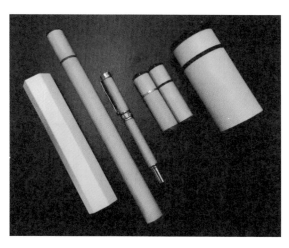

大大小小的葫芦筒可以用来制作不同的文创产品

葫芦与香道

葫芦香插：

利用套模葫芦技术，采用葫芦杆局部，上下镶嵌小叶紫檀，内嵌铜管，适合插线香。铜管、葫芦杆和线香的粗细均可以按需定制和调节尺寸。如果在葫芦表面创作图案，更是别有风趣，适合烙画、针刻、掐花。

葫芦香插（敬克建供图）

葫芦香炉：

用葫芦做香炉已经有很久远的历史了，通常局部是葫芦，内嵌大漆工艺，或者放上石英砂之类，也可以做成倒流香样式等。现代葫芦香炉通常在文人雅士圈常见。葫芦香炉通常在葫芦表面进行烙画、针刻、掐花、大漆等工艺创作。

葫芦香炉（敬克建收藏）

葫芦香薰器皿，用于装香料
或者养虫（敬克建收藏）

葫芦香炉

大漆葫芦香炉（敬克建收藏）

葫芦香桶：

　　葫芦香桶一直沿用至今，内嵌竹胆是一种常用方式。葫芦杆采
用套模技术，可调整尺寸，适合装线香。葫芦表面通常利用烙画、
针刻、彩绘等工艺进行创作。目前，葫芦工坊创作的葫芦香桶主要
分为粗、细2款，细款为针刻荷花。

葫芦香桶《暖春》

葫芦香桶与《香乘》

素面葫芦香桶

葫芦打火机：

葫芦打火机是目前葫芦应用中比较常见的，有葫芦形、葫芦桶状、葫芦方块状、葫芦镶嵌类等，样式多、经济实惠。葫芦表面多采用烙画、掐花、针刺等工艺。

葫芦形打火机

葫芦圆柱形打火机

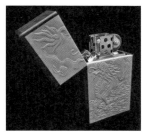

押花葫芦打火机

USB充电葫芦打火机　　　　　葫芦烟斗和葫芦打火机

雕刻葫芦打火机

葫芦香囊：

用葫芦做香囊流行于清朝，多在葫芦上开口，旧时多用象牙镶口，葫芦表面掐花、烫画。如今，多以铁铜扣、玳瑁镶口，配以流苏，花样繁多。

葫芦香囊（上海老克拉供图）

葫芦香囊（上海老克拉供图）

　　传统合香葫芦香囊，每个配10 g香丸，香料配方：白芷、柏叶、薄荷、青木香、香茅草、芸香草等，主要功效是提神醒脑、清肺、除湿。适合夏天放在车里，净化空气

葫芦与茶道

葫芦茶叶罐：

目前市场上流行各种形状的葫芦茶叶罐，其中苹果葫芦茶叶罐比较常见。该款茶叶罐采用苹果葫芦为主体，通过弯刀开口，用圆规划线，结合圆周率和弯刀锯齿尺寸，算出所需刀数。

葫芦茶叶罐的创意来自旗袍的盘扣，不仅美观，还实用。葫芦表面通常以彩绘、烙画为主，盖子则会留个短把，有时候也会用古典家具的铜扣为提手，各有妙处。该款葫芦茶叶罐经济实惠，美观大方，实用性很强，是非常不错的储茶储物工具，在日、韩多用来储存金银珠宝等贵重物品。

葫芦茶道（郑頔供图）

苹果葫芦茶叶罐

葫芦茶叶桶：

葫芦做成茶叶桶装茶沿用至今，内嵌竹胆是常用方式，葫芦杆采用套模技术，可调整尺寸，适合装普洱、黑茶等。葫芦表面通常用烙画、针刻、彩绘等工艺进行创作。旧时，葫芦茶叶桶多镶口，如今多与小叶紫檀等名贵木材相结合。

葫芦茶叶桶

葫芦茶则：

葫芦茶则通常以条形葫芦为主，根据其天然造型，进行随意发掘创作，内壁多以大漆为主。也有以葫芦筒为原料，锯开，多以长方形为主，内壁经过大漆工艺创作出禅意图案，葫芦表面多以烙画为主，是目前茶叶市场上比较受欢迎的葫芦茶器之一。

葫芦茶则，采用大漆工艺（黄冲制）

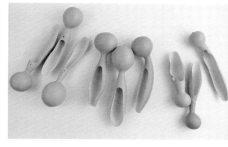

葫芦茶则（郑顿制）

葫芦茶壶：

葫芦茶壶多以把玩为主，如内壁经过食用蜂胶或者大漆工艺处理之后，也可以当茶壶使用。市面上常见的葫芦茶壶多以葫芦大漆、葫芦拼接、葫芦锡艺相结合，葫芦表面以烫画、镶嵌贝壳、嵌银为主。

葫芦茶壶之把把壶

葫芦茶杯：

葫芦茶杯多以套模技术为主，形成葫芦主体，内壁进行大漆工艺处理。

大漆葫芦茶杯（敬克建收藏）　　　　拼接工艺葫芦水杯

葫芦茶碗：

葫芦茶碗多以套模技术为主，形成葫芦主体，内壁进行大漆工艺处理。

大漆葫芦茶碗

葫芦茶漏：

葫芦茶漏多以瓢葫芦、亚腰葫芦为原材料，一分为二，缝合纱网。古代葫芦茶漏主要是在葫芦底肚打孔来漏茶。

葫芦茶漏

葫芦茶针：

以葫芦为载体的茶针，随着文玩葫芦和茶文化的结合，日益流行于茶道圈子。

葫芦茶刷：

以葫芦为载体的茶刷，随着文玩葫芦和茶文化的结合，日益流行于茶道圈子。葫芦茶刷的葫芦部分多由葫芦杆制作而成。

葫芦与文房

葫芦在古代文房中的应用多以毛笔等为主，如今有创新，如葫芦钢笔、葫芦名片夹等。

大漆葫芦围棋罐（敬克建收藏）

葫芦钢笔：

葫芦钢笔的笔杆采用特制的套模葫芦杆，进行拼接加工处理，葫芦表面多以大漆、烙画工艺为主，是目前葫芦与文房结合最为成功的一种葫芦工艺品。

葫芦钢笔

葫芦毛笔：

多以葫芦杆为主要原材料，采用套模、勒扎等工艺，自有长度不受约束，材料取自各种各样的葫芦，多以长柄葫芦和挽扣葫芦为主。

葫芦毛笔

葫芦水滴：

葫芦水滴是书画艺术家常用的文房之一，自古有之，匠心独运，巧夺天工，花样繁多。

葫芦多采用镶嵌、大漆处理、套模等工艺。

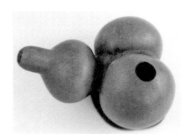

葫芦水滴（徐浩然收藏）

葫芦名片夹

葫芦名片夹多用葫芦镶嵌木头制作而成，葫芦表面以烙画、彩绘为主，别有风趣。

烙画名片夹（张雷制）

葫芦算盘

算盘，又作"祘盘"，它是中国古代劳动人民发明的一种简便的计算工具，起源于北宋。

葫芦算盘（李丽收藏）

在计算机已被普遍使用的今天，古老的算盘不仅没有被遗忘，反而因它灵便、准确等优点，在许多国家方兴未艾。整个算盘共91颗葫芦珠子，葫芦珠镶嵌高贵木料，内嵌铜管，做工考究。据悉，这是世界上第一款以葫芦为材质制作的算盘，因此，这件葫芦算盘作品有很高的收藏价值。

葫芦与生活家居

葫芦的种植、摆设、悬挂，与人类生活家居有着天然的密不可分的联系。以前，人们会悬挂葫芦、摆放葫芦，这一风俗流传至今。因为葫芦吉祥福禄的寓意，寄托了人们的美好心愿。

葫芦笔筒

堆彩浮雕工艺葫芦《九桃献寿》

《九桃献寿图》开始出现于明朝永乐时期，清朝雍正、乾隆时再度盛行，绘九桃的瓷器，只有乾隆官窑出产的最具代表性，有着康乾盛世经典的"祝福贺寿"题材和款式。桃在中国传统文化中是一种吉祥之物，传说桃木可驱鬼，桃实食之则可延年益寿，遂成为长寿的象征。九在中国传统文化中则是至尊之数，九桃绘于葫芦上，寓意平安祥顺、万寿无疆。桃的形状似心，寓意做什么事情都顺心如意。牡丹代表富贵，雍容大方，形态端庄，色彩艳丽，绘画传神，笔触细腻。娇艳欲滴的蜜桃、灿烂绽放的桃花、疏密有致的枝干、阴阳向背的绿叶，在人们眼前展现出一派欣欣向荣、生意盎然的春之景象，其中蕴藏的花开富贵、多福多寿的良好意愿也表达得淋漓尽致。

堆彩浮雕工艺葫芦《福禄万代》

该款葫芦的创作原型是清朝宫廷的一件珐琅镶玉葫芦型瓷器作品，文物现藏于河南省博物馆。

　　因葫芦的形态有如汉字中的"喜""吉"二字，故葫芦若挂在门旁，在风水调理中有喜气临门、吉祥平安的寓意等。葫芦与"福禄"谐音，加之葫芦刚好有两个凸出的部分，所以古人认为葫芦预示着福禄双全。

堆彩浮雕工艺葫芦《连年有余》

　　连年有余是由莲花和鱼组成的中国传统的吉祥图案，蕴含富裕、祝贺之意。莲是连的谐音，年是鲶的谐音，鱼是余的谐音，也称年年有鱼。每逢春节，人们总要供奉活鲤，并要在晚上吃芋（鱼）头，期望来年丰收。在包饺子时，也要剩很多菜馅，以示来年财余。连年有余不仅常见于平常百姓的生活中，在各企业单位中亦盛行不衰。

堆彩浮雕工艺葫芦《喜上眉梢》

　　古人将喜鹊作为喜的象征，《开元天宝遗事》中记载道："时人之家，闻鹊声皆以为喜兆，故谓喜鹊报喜。"《禽经》中也有此种记载："灵鹊兆喜。"可见早在唐宋时期即有此风俗。当时的铜镜、织锦、书画上，已有很多喜鹊相关的题材。同时，我国人民以所喜爱的梅花谐音"眉"字，画喜鹊站在梅花枝梢上，即组成了"喜上眉（梅）梢"的吉祥图案。近代常见于剪纸和木雕等上面。

　　喜鹊、红梅、爆竹结合，意为"早春报喜""喜报春光"，寓意着春天的到来、喜事的降临。"喜鹊登梅"是中国百姓最为喜闻乐见的吉祥喜庆图案。也常以梅花枝头上站立两只喜鹊来表现"喜上眉梢"的主题，古人认为鹊能报喜，故称喜鹊或报喜鸟，两只喜鹊即双喜之意。

堆彩浮雕工艺葫芦
《福禄寿》

堆彩浮雕葫芦
《福禄万代》

堆彩浮雕工艺葫芦
《连年有余》

堆彩浮雕工艺葫芦
《喜上眉梢》

堆彩浮雕工艺葫芦《金玉满堂》

该款葫芦是红底堆彩浮雕葫芦的升级版，主要区别在于葫芦底色的处理上，受温度和湿度的影响，漆艺部分自然裂变，有藏家戏称这是被"上帝之手"摸过。

葫芦谐音福禄，与五子登科、鱼跃龙门的美好愿望结合在一起，就有了这款葫芦，深受藏家喜爱。

堆彩浮雕工艺葫芦《金玉满堂》　　堆彩浮雕工艺葫芦《鱼跃龙门》

葫芦随笔

附录A：
韩国的假面舞和葫芦面具

  2016年7月，我和张师傅应邀前往韩国，参加葫芦节并售卖中国葫芦工艺品。在晚上休息时，看到一个韩国电影非常有意思。在电影画面中，艺人头戴假面，在街头表演嘲讽君主的滑稽剧。暴君因沉迷女色，无心治理国家，导致朝纲混乱、民不聊生，假面艺术在当时被作为调侃政治的有力武器，而这个面具就是用葫芦制作的，艺人身上还有一个酒葫芦。看到这情景，我们断定朝鲜王朝有使用葫芦的生活场景。

  据史料记载，假面舞在古代的朝鲜半岛甚为流行。最初以驱魔、为死者超度、祈求村落平安和丰收为目的，渐渐发展为嘲讽和揭露贵族和庶民间的社会矛盾、宣泄底层民众苦闷和不满的渠道，也作为娱乐百姓的民间表演。

  假面舞在当地已流传数个世纪，韩国为了展示安东地区悠久的文化传统，每年都会在河回村举办"安东国际假面舞节"。节庆的主要内容有多国假面舞表演、假面剧表演、观众假面舞竞赛、假面游行、假面创作大会、民俗游戏体验等，还会举行男子车战游戏、女子踩田脊游戏等传统民俗表演，热闹非凡。

  2018年，我非常幸运地来到这里，参观了安东国际假面民俗艺

术村和博物馆，切身感受了韩
国假面舞的魅力。安东河回村
是被指定为世界文化遗产的历
史古村，位于庆尚北道安东市
以西数十公里，因被韩国第二
大江——洛东江以"S"形蜿
蜒环绕，取"河回于此"之意
而得名。从高处俯瞰河回村，
呈太极形，因而从古代开始，
这里一直被视为风水宝地。过
去600多年来，这里从未遭受

韩国葫芦面罩之一

外敌入侵，村内许多朝鲜时代的古宅仍完好地保持至今，因而也被
赞为"活着的朝鲜建筑博物馆"。安东是韩国传统文化的故乡，在
韩国以儒家文化和面具文化著称。

　　"河回假面"是韩国唯一的国宝级假面，用杨树为主要材料制
作而成，用于河回别神假面舞表演。此地不远处，还有一个安东造
纸厂，是韩国传统造纸术的故乡。河回假面一共有十种，分别是童
女、破戒僧、妓女、两班（贵族）、书生、草郎、傻瓜、屠夫、老
奶奶、阻击兽，最具代表性的就是"两班"假面。从外形上看，两
班假面的脸型、眉毛、鼻子、面颊、嘴等部位的线条都雕刻得极为
柔和。下巴部分由绳串起，如同下颌关节，可以活动，奇妙之处还
在于，仰视此假面时是一个大笑的神情，而俯瞰时则是愤怒的样子。

　　河回村内流传着有着800多年历史的假面舞和"河回假面"，在
此基础上，安东发起并举办起了安东国际假面舞节。当太平箫高亢

的旋律配合着鼓点和锣声，抑扬顿挫的节奏会让台下的观者也情不自禁地挥舞起手臂，戴着假面的舞者伴着节奏走向舞台中央，以略为夸张的体态和戏谑的语言演绎着生活中的辛酸与苦涩。结合了民间巫俗的河回别神假面舞虽已上演了几个世纪，内容和结构却无太大改

韩国葫芦面罩之二

动，角色也已深入人心。无论是巧嘴滑舌的宰牛屠夫、悲叹身世艰辛的老妪、居心不良的破戒僧，抑或相互吹捧的官员与书生，都是来自社会生活中的真实人物，他们的故事总能博得舞台下观众的会心一笑。

河回村假面博物馆于1995年9月开放，是韩国最著名的面具博物馆，也是安东市著名的旅游景点。假面博物馆由假面制作艺能继承人金东表建立，所展示的河回面具的制作年代久远。在博物馆里，还可以看到利用葫芦、木头以及韩纸制作假面的工艺流程。

1999年，英国女王伊丽莎白二世曾到访此地，对其大加赞赏，也留下许多有纪念意义的场景；在2010年的第34届世界遗产大会上，韩国历史村落——河回被正式列入《世界遗产名录》。作为韩国假面文化的发源地，河回村其实早已闻名海外。

安东是韩国儒教文化的摇篮，有"韩国文化遗产的宝库"之称，也是"韩国精神文化的首都"。在朝鲜时代，这里曾涌现出众多堪称儒学先驱的学者，并拥有当时全国最多的书院和乡校。在河回村，不如四处走走，吸收一下此片宝地之灵气。

附录B
夏威夷葫芦面罩

在韩国参观面具博物馆、发现葫芦面具之后，我就开始不停地研究葫芦和面具有关的资料，一边查阅，一边做笔记，发现了一个更广阔的葫芦世界。葫芦面具不仅仅和祭祀、民俗风情、民族图腾有关系，在许多历史典故中均能看到葫芦面具的存在，它承载着重要的历史文化记忆。

在征服夏威夷群岛之前，当地统治阶层的成员戴着葫芦面具，

葫芦面具，饰有流苏和羽毛

以纪念在土地上赋予生育能力的神。保护酋长的战士们也戴着葫芦面具，这个面具有一个由莎草叶制成的顶部，底部的条带由塔帕（捣碎树皮而制成的布料）制成。

夏威夷是地球上最晚被发现的土地之一，但这并不能阻止波利尼西亚人建立一个强大的王国，波利尼西亚人以其军事精神而闻名。在夏威夷，他们练习一种专门用于打碎骨头的武术。除此之外，他们的战术与古希腊人和罗马人非常相似。首先，他们会使用吊索狩猎。如果对方的军队停止行动，他们会像罗马人那样投掷标枪和斧头，然后用锯齿状长矛形成方阵。第二组战士将使用较小的长矛、剑、狼牙棒和匕首来帮助矛兵进行一对一的战斗。在战斗前，他们用植物油润滑身体，以防止敌人抓住他们。他们只穿着腰布进入战斗，但贵族们戴着防护头盔、斗篷，并在古代夏威夷战争的最后几年使用盔甲。头盔由葫芦或编织纤维制成，以保护战士头部免受袭击。夏威夷贵族穿的斗篷，也是由编织纤维和羽毛制成的。

第一次接触欧洲航海者时，戴着传统葫芦面具的夏威夷战士

镂空的葫芦上有圆形开口，整个葫芦看上去像一个人的头部，有眼睛、鼻子、嘴。鸡毛附在头盔的顶部，沿着一条狭窄的线排开。沿着葫芦的底部，挂着白色的飘带

附录C:
出处不如聚处

　　今天下午，我在和广药集团旗下的神农草堂博物馆沟通葫芦挂件的定制工作时，一直用行业术语消极应答，对方负责人说的一句话"出处不如聚处"，深深地刺痛了我。

　　出处不如聚处，是指货物在聚集的地方比出产的地方多。有时也用于指人才方面。

　　面对这样一个大订单，我依然用行业经验去敷衍回答，实感惭愧。

　　众所周知，山东省聊城市有机器葫芦的加工聚集区，有若干家

康而寿系列酒葫芦摆件（神农草堂博物馆定制）

庭作坊，我们在当地也有四台激光雕刻机。四月初正好是加工户种植葫芦的时间，所以此时大部分加工户都在种植葫芦、育苗，很少有人在家里干活。我们公司的几台机器已经停产好几日了，但是客户着急使用，并且数量巨大，按照我的行业经验，我认为无法完成。客户告诉我，山东虽然是种植葫芦的大省，但广州就有一条街专业销售、加工各种葫芦。货物的源头或许在山东，但货物聚集区主要在广州，特别是外贸葫芦的销售聚集区也在广州，因此就有了前面的一句话：出处不如聚处。

从事葫芦文创产业已经很多年了，我走访了很多国家的葫芦种植区域，拜访了很多葫芦艺术家，是比较了解世界葫芦发展趋势的业内人之一，总是习惯性地用业界人的所谓认知去发表行业看法，殊不知产业发展还需要灵活自由的市场环境。市场确定了产品销售的动态，山东固然是种植葫芦的大省，但目前还处于产业发展的上游，利润空间低，加工效率低，葫芦工艺品外贸的业务聚集区都在江、沪、浙和广州等南方沿海城市。"聊城葫芦节"的名气非常大，但产业综合发展尚且如此，就更别提其他葫芦种植区域了。对此，我国葫芦产业还没有形成有力的行业协作组织和可持续性发展路径。

英雄不问出处，出处不如聚处，别处不如此处。中国的葫芦产业刚刚起步，相比于欧美等，我们尚有很多需要改进和提升之处。无论是葫芦种植培育的改善，还是葫芦制作工艺环节、葫芦的医药化妆品系列产品的开发，我们都需要戒骄戒躁、奋起直追。

葫芦产业也需要注重人才的培养和可持续发展，借鉴别人的经验和产业运作模式，走出符合我们国情的"产学研金服用"发展一体化特色道路，这值得每一个"葫芦娃"认真思考。

附录D：
泰山脚下的葫芦

在泰山脚下的岱庙，收藏着三件被称为"泰山三宝"的文物，分别是温凉玉圭、沉香狮子、黄釉青花葫芦瓶。这三件宝物，都是乾隆皇帝御赐给泰山的，它们不但是绝世珍品，而且每一件都有着特殊的意义。

在中国人心目中，泰山是一座神山，自古以来就受到人们的崇拜。据史书记载，早在先秦时期，就有72位圣贤到泰山祭祀。大规模祭祀泰山的活动是从秦始皇开始的，在其后的两千多年里，先后有12位皇帝到泰山封禅或者祭祀。在中国传统文化中，葫芦因为和"福禄"谐音，里面长籽，有子孙万代、多子多福的含义，因而人们通常把它当作吉祥物，作为泰山地区民俗文化产品代表之一的葫芦工艺品随处可见。

在爬泰山的时候，我路过了一个卖工艺品的店铺，里面各式各样的葫芦作品琳琅满目，大大小小的葫芦上雕刻着不同的图案，有吉祥寿喜、山水风景、花鸟走兽等。制作一个令人满意的葫芦工艺品需要很多步骤，包括去皮、晾晒、打磨、绘画、雕刻、上彩等等，还要讲究依形造景，细长的葫芦适合雕刻人物，短粗的适合绘画动物。天然的葫芦原材料本身不值钱，但用烙画、浮雕堆彩、雕刻这些技术可以增加葫芦的艺术价值，使之更有魅力和收藏价值。

我在泰山脚下的肥城市出差时，偶遇一个农户家里挂着各种各样的葫芦。经房主许可后，我进入这个农家小院进行观摩，看到了各种各样的葫芦和根雕工艺品，和房主相谈甚欢。

如果说登泰山是祈福、请福，那么买个葫芦带回家，就是平安福禄到家了。

泰山葫芦工艺品

泰山葫芦工艺品（彩绘工艺）

泰山葫芦工艺品

泰山脚下的农民制作的葫芦工艺品之一

泰山脚下的农民制作的葫芦工艺品之二

附录E：
葫芦与公平贸易

我无意间将鼠标移到一张秘鲁葫芦图片上，追踪网址，打开了一个新的网站，网站内容是关于公平贸易的。这个网站上记载了很多

公平贸易下的葫芦工艺品

葫芦雕刻作品是如何通过公平贸易网站进行销售的，所销售的葫芦主要来自墨西哥、秘鲁及危地马拉等国家。我以前也想过葫芦可以和公平贸易进行结合，但没想到南美洲在1979年就开始实施了。

2017年，我被联合国开发计划署选为青年实践专家，派往云南负责当地彝族刺绣的公平贸易活动。

公平贸易不仅仅是一种商业模式，它现在已成为一项社会运动，因为越来越多的人选择产品的原因是致力于改善世界各地贫困生产者的生活条件。一开始，我们想让工匠生活得更好，这一直是我们的主要目标。当我们围绕这一使命组建公司时，我们很快就看到我们的许多指导原则与公平贸易运动的原则完全一致。通过企业的支持和参与，我们的项目是可持续的，工匠可以不断获得有益的

秘鲁葫芦发卡　　　　　　　　　　秘鲁葫芦耶稣诞生圣诞树挂件

工作机会。公平贸易运动的宗旨是为在经济上处于不利地位的生产者创造机会、保持透明、负责任地开展公平贸易实践。我们的原则是为葫芦手艺人支付合理的报酬、禁止使用童工和强迫劳动、促进性别平等和不歧视、确保良好的工作条件，促进公平贸易。

　　因为笔者在云南省牟定县参与了公平贸易这一实践项目，后来又研究了斯里兰卡茶叶的公平贸易案例。秘鲁的托尼·格雷斯（Toni Griss）曾邀请我去参观Cochas小镇，他告诉我这里有各种各样的葫芦艺术品和葫芦艺术家。我通过互联网检索，发现事实确实如此，原来这里在1979年就进行了公平贸易的实践，未来，葫芦工坊有与当地进行葫芦艺术合作的可能性。通过"一带一路"国际合作倡议，我们非常有可能进口这些"公平贸易"原则下的葫芦工艺品，把它们运输到中国，通过葫芦工坊进行销售。也可以进行双方技术交流，这是一种非常可行的国际商贸形式。畅想这些合作的内容，我不禁兴奋不已。葫芦工坊已经成为中外葫芦技艺和文化合作的典范，我们也会继续沿着"一带一路"的路线去种植葫芦，打造世界葫芦共同体。也许我们还没有完全理解公平贸易，但我们会用真诚行动去团结各国葫芦手艺人，精诚合作，带动整个葫芦产业的发展。

附录F:
谁说葫芦不能装茶叶?

　　葫芦里到底能不能装茶叶呢?会不会串味?在茶界,众说纷纭。我们曾请教过茶叶界的老专家、老学者,答案不一,因此,我们在过去的两年里,尝试用葫芦装茶叶做测试,如用嫩葫芦装茶叶,封底,烘干,做成小青柑样式,再比如用葫芦装熟茶,直接放在房梁上,几年以后,就可以开箱验货,检查茶叶在葫芦里的贮藏和发酵情况。

　　苹果葫芦茶叶罐选用的苹果葫芦天然、环保、绿色、无污染。每年春天,在山东临沂等地进行育种育苗,经过夏天管理、秋天采摘、冬天晒干后,加工成葫芦储物罐,可以存放干果、金银首饰、咖啡豆等。

秘鲁葫芦茶杯

苹果葫芦茶叶罐

云南、广西等几个大型茶厂每年都会从葫芦工坊预定苹果葫芦茶叶罐，多则几千个，少则数百个，所盛放茶叶有红茶、六堡茶、普洱茶等，其中一家广西茶企已经连续6年采购，每年固定3000个。据悉，有一款茶是年份茶，10年后才正式开仓销售，也许再过5年，市面上就会开始流行"福禄"茶，就像当下非常火爆的小青柑茶一样。对此，我们葫芦工坊全体员工都非常期待这一盛况的到来。

2016年，笔者携带葫芦茶叶罐参加了韩国葫芦节，很多韩国妇女购买了这款葫芦茶叶罐，她们告诉笔者，她们把葫芦拿回家后会用来装金银首饰等贵重物品。韩国人对饮茶的热爱程度不如中国，我认为他们不会用葫芦装茶，但事实上，我的认知是狭隘的。在去年参加韩国忠清南道政府组织的考察团去公州韩国屋品鉴茶饮时，我惊喜地发现了茶屋的墙上挂着葫芦茶匙、葫芦茶漏、葫芦茶叶罐。他们的葫芦茶叶罐采用小瓢葫芦制作，顶部开口，留下一个葫芦盖，中间用绳子穿孔拴住，葫芦里放了韩国宝城绿茶。

广西瑶族人用来装六堡茶的圆葫芦（刘全提供）　　装六堡茶的葫芦茶叶罐

日本仕女图葫芦茶叶罐　　　　　　　装虫宝茶的老葫芦

2017年，在参加里斯本世界手工艺博览会的时候，我遇见了一个来自非洲加纳的葫芦艺术家，他告诉我，葫芦在非洲大地上是非常常见、实用性很强的生活用具，用来装水、米、干果、牛奶等，这种葫芦容器通常以大瓢葫芦为主。鉴于非洲特殊的地理环境和气候温差，造就了非洲葫芦比亚洲葫芦个头大、硬度强等特点，非洲大陆上的人们至今仍在使用葫芦作为生活容器，甚至还将大瓢葫芦锯开成两半，作为葫芦水鼓和漂浮工具使用。在很多非洲的电影、纪录片中，经常会看到葫芦被作为游泳的工具。

在葡萄牙的手工艺博览会上，笔者还通过一名当地葫芦艺术家了解到，葫芦可以作为蜡烛的烛台使用。在葫芦上开个小口，葫芦和蜡烛之间有一个特殊的金属材质的杯子作为隔离缓冲地带。

关于葫芦的更多妙用，还等着我们去挖掘，我们也正背着葫芦行走在世界各地，寻访葫芦艺术家和五花八门的葫芦艺术品。希望在不久的将来，我们能把世界各地的葫芦故事分享给大家。

装陈皮普洱茶的葫芦茶叶罐

附录G：
韩国总理接见中国"葫芦娃"

通过互联网，我们查阅到韩国有一个葫芦村，并将举办世界葫芦节。在其官方网站上，我们看到有葫芦艺术长廊、观光旅游项目，还有一些葫芦工艺品课程、葫芦艺术灯展示等内容。于是，我赶紧给在韩国留过学的赵洋打了电话，讲述了我想去韩国参加葫芦节的想法。赵洋很快帮我联系了韩国大田一所大学的法学教授金梅子，通过金梅子的努力，我们又联系上了韩国葫芦艺术村的黄代表，韩方说可以来售卖葫芦工艺品，我们喜出望外。在金梅子的协调下，我们有了大体的法律合作框架协议。正好金梅子母子二人来济南度假，我在北京接待了金梅子一行，并就中韩双方的葫芦合作进行了初步磋商，接着开始准备相应的工作。

金梅子在我们葫芦工坊北京店里拍摄了各种葫芦作品的照片，回去发给韩国黄代表查看，供韩方选择产品。那时，我们刚刚创立葫芦工坊，发展时间短，产品也不够丰富，但最终，我和张雷两人还是背着4个行李箱飞往了韩国青州市。金梅子开车在机场接了我们，并开车3个小时，把我们送到了清阳郡，站到了韩国的葫芦架子下。这是我第二次出国，临时办理签证，给老张交押金，购买飞机票，我和老张就这样勇闯韩国了。

　　在韩国葫芦艺术村，我们看到了各种各样的葫芦。葫芦艺术长廊大约100亩，各种各样的葫芦很有气势。我兴奋地拍照，听韩国黄代表介绍韩国葫芦的发展历程。黄代表种植葫芦已经快20年了，主要以葫芦观光为主，门票收入是其主要经济来源。夏天搞葫芦节，冬天搞冰雪节，在原有的葫芦架和轮廓上进行创意变换，可以实现一次投入、多次收入。这种田园综合体的运营管理方案，给了我们很大启发。据说，冬天游客量日均一万多人，这给了我很大的震撼。

　　韩国的葫芦工艺品种类局限于葫芦灯、葫芦乐器，花样不如中国丰富，而我们又带了丰富的中国葫芦旅游商品，正好填补了葫芦艺术村的空缺。鉴于此，我们的合作是交叉的，又是互补的，也为日后的深入合作打下了基础。

　　有一天下午，黄代表通过翻译告知我们，韩国总理要来看我们，我们顿时惊呆了，因为我们原本计划去拜访韩国一位葫芦乐器艺术家，没有想到韩国总理会来视察葫芦庆典活动。由于我们在韩国的停留时间只有7天，我们的行程早在来韩之前就通过金梅子教授进行了规划和预约。金教授执意带我们去拜访葫芦乐器艺术家宋先生，黄代表这边认为中国葫芦艺术家在活动现场可以为本次韩国葫芦节增光添彩，双方僵持不下，我们就像两个香饽饽，被双方争

韩国葫芦艺术灯

韩国葫芦乐器

来抢去。韩方翻译、中方翻译赵洋、金梅子教授、黄代表等人在一起争论着这件事情的调整方案,我和张雷倒是乐了。最后,金梅子决定提前一天带我们去拜访宋先生,当天晚上把我们送回黄代表的村子。因为之前我们在北京对金梅子一行有很好的安排,所以金教授总是想回请我们,预定了大田市的酒店,希望我们在大田度过一晚。现在,因为总理要来葫芦村,她不得不调整了活动时间。我们提前去了大田市,拜访了宋先生并一起吃了午饭,我喝了很多白酒,因为内心确实高兴,看到了各种各样的葫芦乐器。晚上,金教授又带我们参观了韩国大田附近的长寿村,吃了烤串和啤酒,才把我们送回黄代表的村子。第二天,我们如约站在了葫芦节的展位上,黄代表也终于放了心。

从早晨开始,就有很多总理办公室的工作人员在葫芦村里工作,我们也被告知了一些注意事项。下午2点,时任韩国总理黄教安先生来到了葫芦艺术村。他仔细查看葫芦艺术长廊,边走边和黄代表交谈,不一会儿就来到了葫芦工艺品展厅,到我们的中国葫芦展桌前观看张雷的葫芦烙画艺术品，并和我亲切地握手，对我们的葫芦艺术品竖起了大拇指。我用英语向黄总理介绍了中国的葫芦作品和葫芦文化。

这是我创办葫芦工坊以来接触到的第一位总理，我认为韩国是我的福地，所以以后会加强在韩国的投资合作。

2016年，我们继续参加了韩国葫芦节，并开始合作葫芦化妆品业务。黄代表的企业也因为我们的到来，拿到了政府补贴和奖励。我们在韩国开展了一系列的葫芦合作，比如说，举办世界葫芦艺术展、葫芦图片展，共建葫芦展览馆。

随着合作的深入，我们也邀请黄代表到山东、北京考察中国葫芦，我们也先后多次派专家到韩国考察，双方就中韩葫芦产业合作进行了多次交流，合作项目不断落地生根。

后来，我们在韩国参观了多处葫芦基地，走访了很多韩国民俗村，发现了各种各样的葫芦生活场景和葫芦工艺品，让我们更加有信心在韩国投资发展葫芦产业。这一切都源于大家的帮助，我们一直致力于葫芦工坊平台化、产业化、生态链化，那么，韩国就是我们的第一个成功试点。

时任韩国总理黄教安接见徐浩然一行

附录H：
种葫芦、吃葫芦

　　中国人自古以来就有吃葫芦的习惯。葫芦是粗纤维，可以食用，对肠胃非常好，在日本又有"清道夫"的美誉。

　　我在葫芦相关图书上看到过关于食用葫芦的介绍。山东、河北、北京延庆一带种植菜葫芦，这次在延庆调研就让我赶上了。

　　春种时间，我随王大哥在昌平、延庆一带种植葫芦，我们大约整理了60多个品种，在这些地方进行种苗发放和种植。小葫芦、大产业，发展葫芦产业和乡村振兴计划，切切实实地帮助老百姓提高收入。

　　在延庆区井庄镇，我仔细走访了宝林寺村、柳沟、南罗君堂、东石河村等。刚一踏入田间，我就看到了一个干透了的菜葫芦，拿到路边，将葫芦打碎，取出来150多颗种子。在柳沟沿街街道的一个小商贩摊子上，我遇到了一个正在售卖葫芦条的大姐，他们家自产自销的葫芦条质量上乘，有在太阳底下自然晒干的葫芦条，也有用现代化机器烘干的葫芦条。晒干和烘干的葫芦条最大的区别就是颜色，前者发黑，后者发白。边远地区的农户依然喜欢吃晒干的葫芦条，城里人则喜欢机器烘干的葫芦条。一般供应餐饮饭店的都是烘干的葫芦条。

　　传统葫芦条的吃法非常多，比如涮火锅、炖肉、素炒、做瓠子羹等。在北京市密云的葫芦峪村，笔者还吃过当地人家做的葫芦馅包子、葫芦清汤。

　　在日本，一些寿司卷中有被称为干瓢的切成薄片的干燥葫芦条，或用作可食用的包装材料，将各种食材绑在一起。

附录I:
葫芦工坊调研新疆葫芦文化市场

　　在参加完西安酒店用品与旅游商品展之后，葫芦工坊总经理徐浩然带队赴新疆考察葫芦文化市场。在乌鲁木齐国际大巴扎旅游商品市场，徐浩然仔细查看了新疆少数民族葫芦手艺人制作的葫芦工艺品、葫芦乐器等，随后在天山天池实地走访了与葫芦有关的文化民俗和工艺品销售情况。

　　新疆葫芦文化是中国葫芦文化的重要篇章之一，有着独特的葫芦民俗和文化传承，在葫芦乐器、葫芦工艺品制作方面独树一帜。

徐浩然在新疆吐鲁番调研葫芦文化

新疆葫芦工艺品   新疆葫芦工艺品
                                （孙继周拍摄）

　　葫芦工坊正在与新疆文化部门就葫芦产业扶贫进行业务洽谈，期待能够有更多的手艺人加入新疆葫芦技艺的保护和传承中来。

　　新疆葫芦手工艺品色彩鲜艳、造型各异、做工精致、惟妙惟肖，或者在葫芦上直接雕刻带有维吾尔特色的几何图案，或者在葫芦上绘制彩色画面。它们带有鲜明的维吾尔文化特色，受到了当地人们的喜爱。这些葫芦都是选用当地种植的葫芦，维吾尔族群众在自己的庭院里除了栽培花木和果树之外，还喜欢栽葫芦，维吾尔族称葫芦为"喀巴克"。一到初秋，大大小小的圆葫芦和长把葫芦吊满前庭和廊檐，别有一番景致。

　　每到秋后，葫芦成熟了，人们就掏去葫芦的瓢和籽，用葫芦壳盛满各种用品，大小不等的葫芦挂在厨房的墙上，显得格外别致，用起来也方便。葫芦也是伊犁维吾尔族群众在日常生活中常用的器具。许多维吾尔族家庭中都会有几把用葫芦做成的舀子，用来盛水、淘米、储存物品。

　　新疆盛水的葫芦，大的可盛十多公斤水。新疆人出远门还常常把葫芦背上或是挂在毛驴的身上，作为"行军水壶"。葫芦用来做水瓢，既不生锈，也不容易摔坏，真是价廉物美。葫芦上雕刻的图案各式各样，有风景、书法、人物、动物、花草等，这些图案都来自维吾尔族人的生活，手艺人们通过细致的观察，将那些美妙的景致雕刻到葫芦上，再通过五颜六色的油彩将每一个图案描绘一番。手艺人可以根据葫芦的大小等特征来确定绘画的内容，制作出来的葫芦工艺品造型也是多种多样的，有连体的、长杆的、单肚的、双肚的，如高脚壶、连体杯等。鲜艳的色彩、独特的造型，这些葫芦工艺品吸引了不少人的目光。

　　还有一种小巧玲珑的叫做"纳斯喀巴克"的葫芦是男人们常用的一种盛烟用具，上面刻有花纹，葫芦脖子上还系有红绸带，十分精巧。

用于盛水的新疆葫芦

盛水的新疆葫芦

　　现在，人们的生活水平逐步提高了，葫芦作为生活用品的用途慢慢地淡出人们的视野，但是把葫芦进行雕刻、镶嵌后，制作成工艺装饰品的行当却日渐兴起。葫芦在中国传统文化中是吉祥物，深受百姓喜爱，葫芦与"福禄"同音，代表着富贵、吉祥、兴旺，还有辟邪的寓意。直到现在，许多金银玉器首饰都做成葫芦形状。维吾尔族葫芦文化是维吾尔文化的重要组成部分，也是中华民族葫芦文化的一部分。

新疆葫芦雕刻艺术品

新疆葫芦拼接艺术品

附录J：
版权声明

附录K：
参考文献

中文部分：

［1］李湘.《诗经》与中国葫芦文化——论匏瓠应用系列［J］. 中州学刊，1995，(5)，86-92

［2］杨金凤. 葫芦范制技艺［M］. 北京：北京美术摄影出版社，2015

［3］杨金凤. 小靳花范葫芦［M］. 北京：北京美术摄影出版社，2016

［4］杨金凤. 小靳匏器范制技艺［M］. 北京：北京美术摄影出版社，2018

［5］辛冠洁. 百葫芦斋鸣虫葫芦［M］. 北京：荣宝斋出版社，2009

［6］刘庆芳. 葫芦的奥秘［M］. 济南：山东教育出版社，2017

［7］孟昭连. 中国鸣虫与葫芦［M］. 天津：天津古籍书店，1993

［8］游琪，刘锡诚. 葫芦与象征［M］. 北京：商务印书馆，2001

［9］夏美峰. 名虫玩赏［M］. 天津：百花文艺出版社，2002

［10］夏美峰. 虫具收藏鉴赏［M］. 石家庄：河北人民出版

社，2000

　　[11] 王鹏伟. 葫芦纳福：文玩葫芦鉴赏收藏指南［M］. 北京：测绘出版社，2013

　　[12] 王玉成，王世襄. 中国传统把玩艺术鉴赏［M］. 上海：上海文化出版社，2006

　　[13] 游琪. 葫芦·艺术及其他［M］. 北京：商务印书馆，2008

　　[14] 潘鲁生. 蝈蝈葫芦［M］. 石家庄：河北美术出版社，2003

　　[15] 赵伟. 葫芦工艺宝典［M］. 北京：化学工业出版社，2009

　　[16] 赵伟. 葫芦收藏与鉴赏宝典［M］. 北京：化学工业出版社，2009

　　[17] 王世襄. 说葫芦［M］. 北京：生活. 读书. 新知三联书店，2013

　　[18] 陈静，路鹏. 葫芦技艺［M］. 济南：山东教育出版社，2018

　　[19] 姜宁. 招财纳福：葫芦收藏与鉴赏［M］. 北京：北京美术摄影出版社，2017

　　[20] 游修龄，葫芦的家世——从河姆渡出土的葫芦种子谈起［J］，文物，1977，(8)，63–64

　　[21] 陈文华. 论农业考古［M］. 南昌：江西教育出版社，1990

　　[22] 王青. 葫芦雕刻与制作［M］. 武汉：武汉大学出版社，2016

　　[23] 兰州市非物质文化遗产保护中心. 兰州刻葫芦［M］. 兰州：甘肃人民出版社，2014

　　[24] 何悦，张晨光. 葫芦把玩艺术［M］. 北京：现代出版社，2013

　　[25] 武军炜. 葫芦物语［M］. 石家庄：河北大学出版社，2014

［26］汤兆基. 收藏指南：竹木雕刻［M］. 上海：学林出版社，1999

［27］尚利平. 北京歌哨［M］. 北京：北京美术摄影出版社，2017

［28］戴耿，韩季安. 临夏雕刻葫芦［M］. 兰州：甘肃人民美术出版社，2005

［29］李金堂. 瓠子南瓜葫芦病虫害防治图谱［M］. 济南：山东科学技术出版社，2010

［30］赵刚. 葫芦造型艺术制作与栽培［M］. 北京：中国建材工业出版社，2004

［31］石春云. 从葫芦里出来的民族——拉祜族［M］. 昆明：云南民族出版社，2009

［32］普珍. 彝文化和楚文化的关联［M］. 昆明：云南人民出版社，2001

［33］周嘉胄. 香乘［M］. 北京：九州出版社，2014

［34］刘小幸. 母体崇拜——彝族祖灵葫芦溯源［M］. 昆明：云南人民出版社，1990

［35］暴慕刚. 玩葫芦［M］. 北京：同心出版社，2007

［36］后藤朝太郎. 蟋蟀葫芦和夜明珠：中国人的风雅之心［M］. 北京：清华大学出版社，2020

［37］张跃进. 葫芦雕刻［M］. 济南：山东文化音像出版社，2011

［38］董健丽. 中国古代葫芦形陶瓷器［M］. 南昌：江西美术出版社，2010

英文部分:

[1] Pal, S. N., Ram, D., Pal, A. K. and Singh, G, Combining Ability Studies for Certain Metric Traits in Bottle Gourd [J]. Indian Journal of Horticulture, 2004, (61), 46–50

[2] Sarvesh, K., Singh, S.P. and Kumar, S, Combining Ability Studies for Certain Metric Traits in Bottle Gourd [J]. Vegetable Science, 1997, (24), 123–126

[3] Kumar, S., Singh, S.P., Jaiswal, R. C. and Kumar, S, Heterosis over Mid and Top Parent under the Line × Tester Fashion in Bottle [J]. GourdVegetable Science, 1999, (26), 30–32

[4] Janakiram, T. and Sirohi, P. S., Studies on Heterosis for Quantitative Characters in Bottle [J]. Gourd. Journal of Maharashtra Agricultural Universities, 1992, (17), 204–206

[5] Rao, B. N., Rao, P.V. and Reddy, B. M., Heterosis in Ridge Gourd [J]. Haryana Journal of Horticultural Sciences, 2000, (29), 96–98

图书在版编目（CIP）数据

图说葫芦 / 徐浩然编著. —武汉：华中科技大学出版社，2021.12
ISBN 978-7-5680-7624-1

Ⅰ.①图… Ⅱ.①徐… Ⅲ.①葫芦科—文化研究 Ⅳ.①S642

中国版本图书馆CIP数据核字（2021）第216426号

图说葫芦　　　　　　　　　　　　　　　　　　　徐浩然　编著
TuShuoHuLu

策划编辑：亢博剑　陈心玉
责任编辑：沈　柳
封面设计：Pallaksch
责任校对：阮　敏
责任监印：朱　玢
出版发行：华中科技大学出版社（中国·武汉）　　电话：（027）81321913
　　　　　武汉市东湖新技术开发区华工科技园　　邮编：430223
录　　排：沈阳市姿兰制版输出有限公司
印　　刷：湖北新华印务有限公司
开　　本：880mm×1230mm　1 / 32
印　　张：8.125
字　　数：186千字
版　　次：2021年12月第1版第1次印刷
定　　价：69.80元